U0076613

零概念也能樂在其中！
真正實用的數學知識

有趣的
生活
數學

東京工業大學理學院數學系 教授
加藤文元／監修
郭欣惠、高詹燦／譯

前言

「希望數學可以像英語會話般輕鬆易學……」。應該有很多人都這麼想吧。

距今約30年前，有人告訴我「未來英語流利的人比較吃香」。為了重新學習學校教過的英語，很多人去上英語會話課。坊間也開了多家英語補習班。於是現在有不少人英語相當流利。

然後，近年常聽到有人說「以後數學厲害的人會比較受歡迎」。隨著科技產業進步，AI（人工智慧）逐漸改變我們的社會與生活，現今數學已經滲透到社會各個角落。要在這樣的社會生存下去，數學的重要性日益增加。在這當中，很多人打算重溫學校教過的數學。另外，還有不少原本念文組不擅長數學的人，想重新認識數學的趣味性。甚至出現了成人數學補習班。於是，在數十年後的未來，數學厲害的人會變多吧。

話說回來，「數學厲害」指的是什麼呢？我想有很多種含意，但最後可能和「英語流利」差不多。學英語單字背得多不見得能開口說，數學也一樣，記住很多公式也未必會算。試著多開

口是學好英語會話的關鍵，同樣地數學也很重視「大量計算」。而且，應用數學的題材在我們生活周遭隨手可得。

本書介紹許多輕鬆卻實用的數學主題。希望讀者學數學就像學英語會話般輕鬆並且樂在其中。抱著這樣的想法，筆者仔細選出有趣的數學題材，做淺顯易懂的說明。每個主題除了文字解說外並加入多張彩圖，光看圖片或圖解也會覺得有趣。

請各位帶著本書，朝著廣大精深且優美的數學世界邁出第一步吧。

東京工業大學理學院數學系　教授　加藤文元

目次

第 **2** 章 一點就通！數學的概念

第**3**章 異想天開！神奇的數學世界 ········ 123 ▼ 170

第**4**章 想要現學現賣的數學概念 171 ▼ 215

※為了讓原理解說淺顯易懂，本書中的圖解經過簡化。

第 **1** 章

不可不知！

數學的
各種知識

我想有很多人對「數學」充滿好奇，
卻覺得太難而不敢嘗試吧……。
不過，發覺數學的趣味性出乎意料地簡單。
來看數字和圖形的神奇特性吧。

數字源自何時？
有哪幾種？

原來如此！ 阿拉伯數字大約在500年前就是目前的型態。
中文數字則是從古代使用到現在！

　　現在我們使用的「0、1、2、3、4……」名為**「阿拉伯數字（計算數字）」**（➡P12）的符號，**大約在500年前就是目前的型態**。阿拉伯數字的特色是有「0」，這讓計算變得容易，成為「世界共通語言」廣泛流傳。那麼，古代在阿拉伯數字尚未出現之前是用什麼數字呢？

　　在古代，各地區使用不同的數字。在古埃及用**事物的外形**來表示數字，個位數用「棍子」、十位數用「動物腳鍊」、百位數用「繩子」、千位數用「蓮花」、萬位數用「手指」呈現〔**圖1**〕。在美索不達米亞（現在的伊拉克）用**「楔形文字」**做表示，根據楔形文字的數量和方向表現不同的數字〔**圖2**〕。在古希臘用「α」、「β」等**「希臘字母」**來表示〔**圖3**〕。目前鐘錶上也會出現的羅馬數字，則是用**「羅馬字母」**當記數的符號〔**圖4**〕。

　　在古代中國，以**「中文（中文數字）」**表示數字。由於中文數字可以顯示「百、千、萬」等單位相當方便，所以中國和日本至今仍在使用。

古代的各種數字

▶ 古埃及數字〔圖1〕

1	2	3	4	5	6	7	8	9

∩	∩∩	𝟫	𝟫𝟫		
10	20	100	200	1000	10000

▶ 美索不達米亞數字〔圖2〕

Y	YY	YYY						
1	2	3	4	5	6	7	8	9

<	<<	Y>	YY>	<Y>	<<Y>
10	20	100	200	1000	10000

▶ 古希臘數字〔圖3〕

α´	β´	γ´	δ´	ε´	ς´	ζ´	η´	θ´
1	2	3	4	5	6	7	8	9

ι´	κ´	ρ´	͵σ	͵α	͵αΜα
10	20	100	200	1000	10000

※在文字旁加上撇號表示數字。

▶ 古羅馬數字〔圖4〕

I	II	III	IIII	V	VI	VII	VIII	IX
1	2	3	4	5	6	7	8	9

X	XX	C	CC	M	M̄
10	20	100	200	1000	10000

不可不知！數學的各種知識　第1章

以前沒有「0」？ 特殊數字「0」的發現

[知識]

02

原來如此! 古印度人發現了「**數字0**」。
由此發展出**大數運算**！

　　發現「0」可說是數學史上最重要的發現。古代的數字沒有「0」。因此，以美索不達米亞為例，要區分「28」和「208」時，會在2和8之間斜擺著楔形文字。這是最早用來代表**「符號0」**的範例，但並不是**「數字0」**。在希臘數字或羅馬數字中也沒有表示「0」的字母，而是用「千」、「萬」等字母，不利於計算。

　　據說**最先將「0」當數字使用的是古印度人，大約在5世紀時**。因此便能寫出含有「0」的數字並做演算。這就是以十進位為基礎的**「進位制」**〔**圖1**〕，能處理大數運算。

　　帶「0」的印度數字，在8世紀左右傳到阿拉伯，經過改造成為**「阿拉伯數字」**〔**圖2**〕後傳入歐洲並流通全世界。「0」的發現不僅在數學上，對經濟、天文學或物理學等的發展也極具貢獻。

　　順帶一提，西曆上沒有「西元0年」。據說是因為歐洲人在6世紀開始使用西曆時，「0」尚未傳入歐洲。

有了「<u>0</u>」而方便計算的阿拉伯數字

▶ 進位制是什麼？〔 〕　根據數字位置決定單位的記數法。

例 150×302

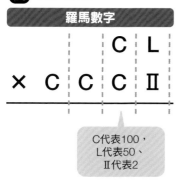

羅馬數字

C代表100，
L代表50、
Ⅱ代表2

➡ 很難書寫計算……

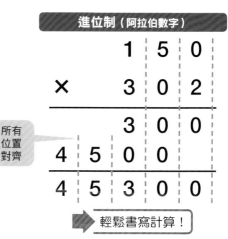

進位制（阿拉伯數字）

所有
位置
對齊

➡ 輕鬆書寫計算！

▶ 從印度數字演變到阿拉伯數字〔 圖2 〕

印度數字 （10世紀左右的印度）

| 0 | 1 | 2 | 3 | 4 | 5 | 6 | 7 | 8 | 9 |

阿拉伯數字 （11世紀的阿拉伯）

| 0 | 1 | 2 | 3 | 4 | 5 | 6 | 7 | 8 | 9 |

阿拉伯數字 （14世紀的歐洲）

| 0 | 1 | 2 | 3 | 4 | 5 | 6 | 7 | 8 | 9 |

03 [知識] 在日本發展出的和算是什麼？

原來如此! **日本特有**的數學體系，在江戶時代由**關孝和**發揚光大達到**世界級水準**！

「**和算**」是日本獨自發展出的數學文化。日本自古以來都是用中國發明的**算籌**（計算用的木棍）或**九九乘法**等做計算，但隨著商業發展，算術和數學的重要性提升，便在1600年左右發行了**日本最早的和算書籍《算用計》**（作者不詳），記載除法與利息算法等內容。

1627年吉田光由撰寫的**《塵劫記》**出版，內容除了九九乘法和算盤用法外，也有交易、換匯相關問題與放上插圖的數學習題，因為說明淺顯易懂相當暢銷，也掀起江戶時的和算熱潮〔**圖1**〕。

把和算提升到西方數學等級的是**關孝和**。關孝和不用算籌或算盤，而是發展**筆算（在紙上書寫計算）**，求出小數點下11位數的**圓周率**、發現名為「**白努利數**」的數學理論等。

之後，和算逐步發展並運用於**曆法計算**或**測量法**上，另外和算家把大部分圖形相關問題的解法寫在木板上進獻給神社或寺廟的「**算額**」也流行一時〔**圖2**〕。在明治時代傳入西方數學，造成和算衰退，不過，和算現在又開始出現在課堂或考試上。

和算的主要題型與關孝和

▶ 和算的主要題型〔圖1〕

龜鶴算 （雞兔同籠）	從鶴和烏龜的總數量以及腳的總數，求出各有幾隻鶴和烏龜（➡P16）。
旅人算 （追趕問題）	有2個人前後出發，求出後面的人什麼時候可以趕上前面的人（➡P96）。
俵杉算 （等差級數）	求解堆成三角形的米袋堆總和（➡P120）。
藥師算 （方陣問題）	把棋子擺成正方形，從單邊的個數求解總數量（➡P136）。
老鼠算 （等比數列）	求解一定期間內增加的老鼠數量（➡P196）。

厲害的數學家！ 01

關孝和
【1640左右～1708】

日本和算家。發明名為「傍書法」的特殊記號法，用數字和文字來表示方程式並求解。另外比瑞士數學家白努利早1年發表名為白努利數的數列。

▶ 供奉給寺廟等地的算額〔圖2〕

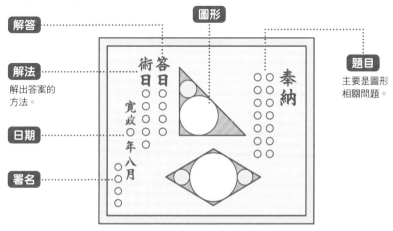

解答

圖形

題目
主要是圖形相關問題。

解法
解出答案的方法。

日期

署名

　　不可不知！數學的各種知識　**第1章**

龜鶴算

龜鶴算是把白鶴和烏龜等腳數不同的動物放在一起，告知動物和腳的
總數後，求解白鶴和烏龜各有幾隻的算法。在中國的數學書裡原本是
「雞兔同籠」，但傳入日本後變成江戶時代的吉祥物白鶴和烏龜。

問

有100隻白鶴和烏龜。
已知腳的總數為248隻。
請問有幾隻白鶴，幾隻烏龜？

POINT

● 把動物數量和腳數畫成面積圖！
● 把100隻動物的腳都當成「白鶴的腳」計算！
● 試想烏龜的後2隻腳是白鶴的腳！

解答 **1** 把100隻動物和248隻腳畫成面積圖來想。

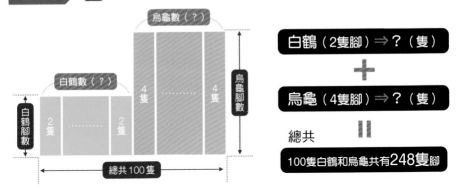

白鶴（2隻腳）⇒ ？（隻）

＋

烏龜（4隻腳）⇒ ？（隻）

總共 ＝

100隻白鶴和烏龜共有**248隻**腳

2 試想「烏龜的後2隻腳是白鶴的腳」。

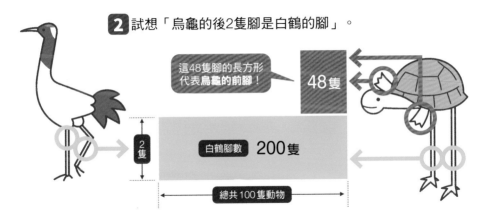

這48隻腳的長方形代表烏龜的前腳！

48隻

2隻

白鶴腳數 **200隻**

總共100隻動物

248（隻腳）－ 2（隻腳）×100（隻動物）＝ 48（隻腳）

有48隻前腳表示，

烏龜數量是48 ÷ 2 ＝ 24（隻）

白鶴數量是100 － 24 ＝ 76（隻）

答 白鶴76隻 烏龜24隻

其他解答

把所有的腳都當成烏龜的腳，100（隻）× 4（隻腳）＝ 400（隻腳），減掉248（隻腳），
算出不夠的腳數（152隻）。再除以白鶴的腳數（2隻腳）就能算出白鶴數量。

不可不知！數學的各種知識 **第1章**

04 計算機是什麼時候發明的？
[知識] 計算的歷史與計算機

原來如此！ 英國數學家納皮爾發明能
輕鬆計算乘法的「**納皮爾棒**」！

　　在沒有電子計算機的時代，要怎麼進行乘法或除法等複雜的計算問題呢？

　　古代人在綁著線或帶溝槽的板子上排石子做計算，這塊板子稱作「**線算盤**」或「**溝算盤**」。在古代，中國人發明名為 **算籌** 的木棍計算工具和「**九九乘法**」，並於飛鳥～奈良時代傳入日本。九九乘法口訣好念好記，被視為貴族教育之一，在日本深受肯定。

　　但是在歐洲，沒有九九乘法之類的心算口訣，聽說要做乘法運算時，只能重複做加法計算。順帶一提，「算盤」是在16世紀後期從中國傳入日本的。

　　17世紀時，英國數學家**約翰・納皮爾（John Napier）發明了能輕鬆計算乘法的工具**。這套工具由最上方寫著0～9的木棒組合而成，稱作「**納皮爾棒**」。利用這套工具，從左上方依序念出相加後的答案，就能算出乘法〔**右圖**〕。納皮爾棒也可以用於除法或平方根的計算上，在納皮爾過世後，歷經多次改良並廣為流傳。

▶用納皮爾棒計算

計算棒的數字對上木棒最上方的數字形成「九九乘法表」。

排↓	0	1	2	3	4	5	6	7	8	9
0	0/0	0/0	0/0	0/0	0/0	0/0	0/0	0/0	0/0	0/0
1	0/0	0/1	0/2	0/3	0/4	0/5	0/6	0/7	0/8	0/9
2	0/0	0/2	0/4	0/6	0/8	1/0	1/2	1/4	1/6	1/8
3	0/0	0/3	0/6	0/9	1/2	1/5	1/8	2/1	2/4	2/7
4	0/0	0/4	0/8	1/2	1/6	2/0	2/4	2/8	3/2	3/6
5	0/0	0/5	1/0	1/5	2/0	2/5	3/0	3/5	4/0	4/5
6	0/0	0/6	1/2	1/8	2/4	3/0	3/6	4/2	4/8	5/4
7	0/0	0/7	1/4	2/1	2/8	3/5	4/2	4/9	5/6	6/3
8	0/0	0/8	1/6	2/4	3/2	4/0	4/8	5/6	6/4	7/2
9	0/0	0/9	1/8	2/7	3/6	4/5	5/4	6/3	7/2	8/1

例 358×47

分別取出3、5、8的木棒，
擺在第4排和第7排。

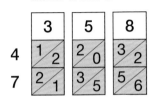

斜線上的數字相加

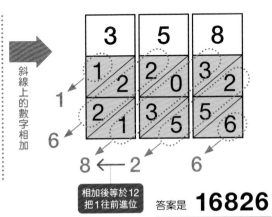

1

6

8 ← 2 　6

相加後等於12
把1往前進位

答案是 **16826**

不可不知！數學的各種知識 第1章

計算機上的數字排列有什麼含意？

[知識]

原來如此！ 數字按鍵是依**操作的順手度**做排列，
不過電子計算機的排列方式暗藏**神祕規則**！

　　電子計算機於1963年在英國登場。**電子計算機的數字按鍵排序和電話相反，由下排的「1」、「2」、「3」依序往上**，這有什麼含意嗎？其實電子計算機的按鍵配置一開始不是這樣，因為**有很多人覺得這種組合操作方便**才決定了排列方式。雖說這是按鍵排列的決定性因素，但其實這些數字組合內有數個神祕規則。

　　首先，該排列內藏著**「2220」**的數字。舉例來說，從「1」開始逆時針打出3位數，123＋369＋987＋741＝2220。再打對角線上的數字，159＋357＋951＋753＝2220〔**圖1**〕。

　　另外，用電子計算機也可以猜出**別人選的數字**。從1開始扣掉8依序輸入「12345679」，請對方選1個1位數（例如選的是4），兩個數字相乘。相乘後得到的數字「49382716」再乘以9便得出「444444444」，對方選的1位數就並排出現了。

　　此外還能**猜中別人的生日**〔**圖2**〕。由此即可窺見電子計算機的數字神祕規則。

數字按鍵上的神祕規則

▶ 出現「2220」的加法運算〔圖1〕

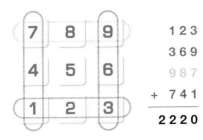

逆時針　從 1 開始逆時針

```
    1 2 3
    3 6 9
    9 8 7
+   7 4 1
─────────
  2 2 2 0
```

對角線上　來回按斜線上的數字

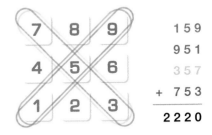

```
    1 5 9
    9 5 1
    3 5 7
+   7 5 3
─────────
  2 2 2 0
```

十字　來回按十字鍵上的數字

```
    2 5 8
    8 5 2
    6 5 4
+   4 5 6
─────────
  2 2 2 0
```

角落　角落邊的數字各按3次

```
    1 1 1
    9 9 9
    3 3 3
+   7 7 7
─────────
  2 2 2 0
```

▶ 用電子計算機猜生日的方法〔圖2〕

1 把電子計算機交給對方，請他將出生「月」乘以「4」。
（例如5月12號）5×4＝20

2 得出的數字加9再乘以「25」。
（20＋9）×25＝725

3 再把得到的數字加上出生「日」。
725＋12＝737

4 拿回電子計算機，把上面的數字減掉「225」。
737－225＝512 ➡ **對方的生日**

不可不知！數學的各種知識　**第1章**

06 [知識] 24小時、365天……日曆上的數字有數學含意嗎？

> **原來如此!** 計算地球**自轉**、**公轉**的週期，
> 配合**月球的盈虧週期**做調整！

　　人們用數字定義1天或1年的長短。制定這些曆法數字時，又是做了哪些數學運算呢？

　　1天是地球**「自轉」**一圈的時間，眾所皆知這是24小時（8萬6000秒）。然後地球的**公轉週期約為365.2422天**，所以1年就設定為365天〔**圖1**〕。

　　1個月的長短原則上是月球的盈虧週期（**朔望週期＝約29.53天**）。但是29.53乘以12＝354.36天，不符合1年的天數。於是便把1個月調整成30天或31天。但這樣還是會有落差，每4年的**「閏年」**再加入2月29號。用2月做調整的理由是在古羅馬時代，每年的最後一個月是2月。另外，隨著科學技術的進步，得知地球自轉的轉速不是等速度，為了調整誤差，每隔幾年就會加上**「閏秒」**。

　　順帶一提，月曆裡潛藏著神祕規則。在月曆上畫出九宮格正方形，所有數字加起來的總合，是中間數字的9倍〔**圖2**〕。另外，無論在哪一年，3月3號和7月7號都會在該週的同一天；同一年的4月4號、6月6號和8月8號也會落在該週的同一天。去翻翻看月曆確認一下吧。

可以用地球的公轉和自轉制定曆法

▶ 地球的公轉和自轉〔圖1〕

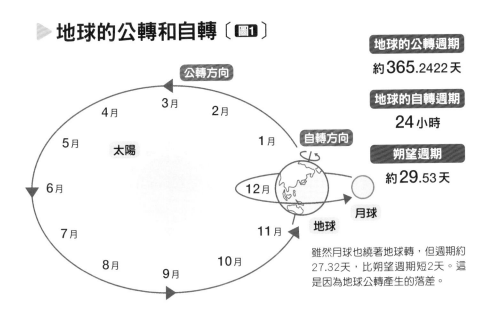

公轉方向

3月　2月

4月

5月　太陽　1月　自轉方向

6月　12月　月球

7月　地球

8月　9月　10月　11月

地球的公轉週期
約 **365**.2422 天

地球的自轉週期
24 小時

朔望週期
約 **29**.53 天

雖然月球也繞著地球轉，但週期約27.32天，比朔望週期短2天。這是因為地球公轉產生的落差。

▶ 月曆裡隱藏的規則〔圖2〕

九宮格正方形內的數字總和是中間數字的9倍。

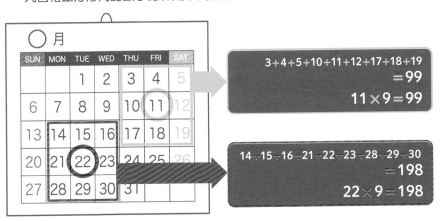

○ 月

SUN	MON	TUE	WED	THU	FRI	SAT
		1	2	3	4	5
6	7	8	9	10	11	12
13	14	15	16	17	18	19
20	21	22	23	24	25	26
27	28	29	30	31		

3＋4＋5＋10＋11＋12＋17＋18＋19
＝99
11×9＝99

14＋15＋16＋21＋22＋23＋28＋29＋30
＝198
22×9＝198

不可不知！數學的各種知識　**第1章**

07

[數字]

排列上的神祕規則
什麼是數學的「魔方陣」？

原來如此! 任一條直線、橫線及對角線的**總和**皆相同的組合。有「**超魔方陣**」、「**六角方陣**」等！

　　數學世界裡有名為「魔方陣」的組合。在正方形的每一格內填入數字，直線、橫線及對角線上每一列的數字總和皆相同的情況，稱之為魔方陣。

　　當中最為人熟知的是由3×3九個格子組成的魔方陣（3階方陣）。3階方陣扣除相對位置，基本上只剩下1種排法，也就是「**492**」、「**357**」、「**816**」的組合〔**圖1**〕。其他還有4×4組成的「4階方陣」。4階方陣有880種組合，雖然也有5階方陣、6階方陣、7階方陣……等數字大的魔方陣，但最多可做出幾階方陣仍是個謎題。

　　還有包含對角線、部分平行斜線上的數字總和都相同的「**超魔方陣**」，有48種4階超魔方陣。另外也有名為「**六角方陣**」的六邊形魔方陣。其橫線、右斜線和左斜線上任一列的數字總和都是「38」〔**圖2**〕。

　　自古以來普遍認為魔方陣內藏有神祕力量，據說16世紀時的西方人，把魔方陣刻在金屬牌上，當成護身符或驅邪符來用。

每列的數字總和都一樣！

▶ 3×3魔方陣〔圖1〕

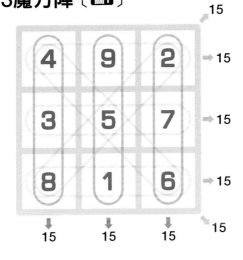

直線、橫線、對角線上任一列的數字相加總和都是15。

▶ 超魔方陣和六角方陣〔圖2〕

超魔方陣

不僅是直線、橫線及對角線，連平行斜線上的數字總和都一樣。

1	12	13	8
15	6	3	10
4	9	16	5
14	7	2	11

※同色方格內的數字相加是34。

六角方陣

橫線、右斜線、左斜線上任一列的數字總和都是38。

不可不知！數學的各種知識 第1章

Q 要折幾次紙才可以到達月亮？

42次　or　102次　or　10002次

地球離月亮約38萬km。大概是搭時速300km的新幹線53天，步行（時速4km）11年左右的距離。如果拿一張紙對折再對折⋯⋯重複對折多次，最後總共要折幾次，紙的厚度才足以到達月亮？

現在是5mm⋯

1969年，美國太空船**阿波羅11號**成功達成人類首次登陸月球的壯舉，把**復歸反射器（反射鏡）**留在月球上。地球發射出的雷射光，打到反射鏡再返回的時間約是2.52秒。光速每秒約30萬km，由此可正確算出到月球的距離為**「30萬km×（2.52÷2）= 約38萬km」**（月亮繞著地球公轉，所以距離不盡相同。）

雖然地球距離月球非常遙遠，但是拿一張**超大的紙**重複對折，應該就能算出總共得折幾次才會抵達。為了方便計算，假設紙張厚度為0.1mm。對折後是0.2mm（0.1×2）。對折2次則是0.4mm（0.1×2×2）。也就是說，**每次對折紙會變厚2倍**。那麼折10次又會怎樣呢？算式為0.1×2^{10}，2^{10}＝1024，所以紙的厚度是0.1×1024＝102.4mm（約10cm）。

那折20次又是怎樣呢？算式為0.1×2^{20}，所以紙的厚度是0.1×1024×1024＝104857.6mm（約105m）。

和折紙的厚度比一比

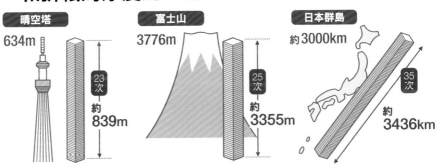

繼續算下去，折40次為**0.1×2^{40}**，約11萬km。41次約為11萬km×2＝約22萬公里。所以第42次為**約22萬km×2＝約44萬km**，是足以抵達月亮的距離。

當然，實際上不可能重複折到42次。雖然只是計算上的假設，卻感覺好似拉近月亮與我們之間的距離。

不可不知！數學的各種知識 第1章

08 [數字] 有理數？無理數？數字的種類有哪些？

原來如此! 自然數、整數、分數和小數等是「**有理數**」，不能用分數來表示的數字是「**無理數**」！

現實世界中出現的所有數字，如物品的長度或重量等稱作「**實數**」。實數可分成「**有理數**」和「**無理數**」。

有理數有「**自然數**」、「**整數**」、「**分數**」等。自然數是計數時用到的「1、2、3……」等數字，整數除了自然數外，還包括「0」和「−1、−2、−3……」等加上負號的「負整數」。分數是用 $\frac{1}{3}$ 表示「1÷3」的數字。小數是0.25或1.25等，不用分數改用小數點表示超過0未滿1的數字。小數可分成小數點以下的數字有限的「**有限小數**」，和小數點以下有無限個數字的「**無限小數**」。在無限小數中，相同數字無限循環的稱作「**循環小數**」。例如 $\frac{1}{3}$ 用小數表示的話是0.33333……小數點以下有無限個3重複循環。**有限小數和循環小數是有理數，都可以用分數表示。**

無理數是不能用有理數表示的數字，例如2的平方根（平方後是2的數字）$\sqrt{2}=1.414213……$，小數點後的不規則數字無限循環。像這種無限循環的小數稱作「**非循環小數**」，無法用分數表示。只有非循環小數屬於無理數〔**右圖**〕。無理數是在古希臘時代發現的。

重點是能不能化成**分數**

▶ 實數（有理數＋無理數）的分類法

有理數（可用分數表示的數字）

整數
自然數（正整數） 1、2、3、4、5…
0 → 不是自然數的整數
負整數 −1、−2、−3、−4、−5…

分數
$\frac{1}{2}$、$\frac{1}{3}$、
$\frac{3}{4}$…等
$-\frac{1}{2}$、$-\frac{1}{3}$、
$-\frac{3}{4}$…等

有限小數
0.5（＝$\frac{1}{2}$）、0.75（＝$\frac{3}{4}$）等

循環小數
0.33333333…（＝$\frac{1}{3}$）、
0.142857142857…（＝$\frac{1}{7}$）等

$0.75 = \frac{3}{4}$！

$0.333… = \frac{1}{3}$！

無限小數

小數點以下的
數字無限循環

$\sqrt{2} = \frac{?}{?}$

無理數（不能化成分數的數字）

非循環小數
$\sqrt{2}$（2的平方根，化成小數是1.41423…）
π（圓周率，化成小數是3.14159…）等

09 爲什麼電腦相關數字多爲8的倍數？

[知識]

原來如此! 電腦只能使用「0」和「1」！
採用二進位制的話，8的倍數正好爲一單位！

　　電腦數據原則上是以8bit、16bit、32bit等8的倍數做存取。這是爲什麼呢？因爲**電腦只能使用「0」和「1」這2個數字**。也就是說，只接受ON和OFF形成的電子訊號。

　　我們常用的進位制名爲**「十進位」**，只用「0」和「1」來表示數字的稱爲**「二進位」**。在二進位制內，只要遇到「1」、「2」、「4」、「8」等2的倍數就會進位，所以「8」代表「1000」、「16」代表「10000」、32代表「100000」。換句話說，8的倍數對電腦而言可以視作十進位制的進位單位。

　　電腦存取資料的最小單位是1bit，**8bit等於1Byte**。用鍵盤上0～9的數字鍵輸入數值時，在電腦內部全部會轉成「0」和「1」組成的8位數，如「5」變成「00000101」、「12」變成「00001100」〔**圖1**〕。

　　不只是數字，文字也用二進位來表示。半形英文字「A」相當於「01000001」這8位數〔**圖2**〕。字母「A」表示1Byte的資訊量。

用「0」和「1」表示數字或文字

▶ 用二進位制和8bit來表示 〔圖1〕

十進位制	二進位制	用8bit表示
0	0	00000000
1	1	00000001
2	10	00000010
3	11	00000011
4	100	00000100
5	101	00000101
8	1000	00001000
12	1100	00001100
16	10000	00010000
32	100000	00100000
64	1000000	01000000
100	1100100	01100100
254	11111110	11111110
255	11111111	11111111

※用8bit能表現的最大數字是255。

▶ 表示半形英文字母「A」 〔圖2〕

在電腦的世界中，每個字母都有對應的號碼。每個半形英文字或數字使用8bit（1Byte）的資料空間，例如「A」所對應的號碼是「01000001」。

電子訊號

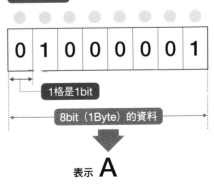

| 0 | 1 | 0 | 0 | 0 | 0 | 0 | 1 |

1格是1bit

8bit（1Byte）的資料

表示 A

不可不知！數學的各種知識 **第1章**

10
[數字]

是誰發明
比1小的數字「小數」？

原來如此! 16世紀的數學家發現**小數**和**小數點**。
讓**分數運算**變簡單了！

代表比1小的數字**「小數」**是什麼時候出現的呢？

最早的小數是古代美索不達米亞的數字符號，不過那時尚未有小數點的概念。中國古代也使用小數，但只用來**標示「分」、「忽」等的單位**，運算有難度。這個中國小數單位後來傳入日本〔**圖1**〕。

16世紀的比利時數學家**賽門‧史蒂文（Simon Stevin）**最先在歐洲引進和現代數學有關的小數。擔任軍隊會計的史蒂文，用分數計算軍隊的借款利息。但是當分母是11或12時，計算起來相當複雜。因此史蒂文試著把分數的分母當成10、100或1000等「10乘方」，發現運算過程變簡單了。他還想出把整數寫成⓪、把 $\frac{1}{10}$ 寫成1①、把 $\frac{1}{100}$ 寫成1②、把 $\frac{1}{1000}$ 寫成1③的方法。這些數字名為「**史蒂文小數**」〔**圖2**〕。

大約在20年後，英國數學家**約翰‧納皮爾**（➡P18），在整數和小數間加入符號後發現小數各位數間不用再寫上①②③，提出「**小數點**」的記號。於是，用小數做運算變得更輕鬆了。

在16世紀左右發現小數

▶ 中國古代的小數單位
〔圖1〕

單位	數值
分	0.1
厘	0.01
毛	0.001
糸	0.0001
忽	0.00001
微	0.000001
纖	0.0000001
沙	0.00000001
塵	0.000000001
埃	0.0000000001
渺	0.00000000001
漠	0.000000000001
模糊	0.0000000000001
逡巡	0.00000000000001
須臾	0.000000000000001
瞬息	0.0000000000000001
彈指	0.00000000000000001
剎那	0.000000000000000001
六德	0.0000000000000000001
虛空	0.00000000000000000001

▶ 史蒂文小數〔圖2〕

史蒂文的小數寫法

例 3.141

3⓪ 1① 4② 1③

用史蒂文小數做乘法運算

例 3.14×5.2

代表小數
最後一位數的
圓圈數字相加，
最後就是
答案的位數

```
    0 1 2
    3 1 4
      5 2 1
    ─────────
    6 2 8
  1 5 7 0        1 + 2
  ─────────
1 6 3 2 8
  0 1 2 3
```

厲害的
數學家！ 02

賽門・史蒂文
【1548～1620】

比利時數學家。出版《論十進》，提倡十進小數的概念。

千、萬、兆、億……還有比這更大的單位嗎？

原來如此！ 使用「京」、「垓」、「秭」等特殊單位！
在歐美還有「googol」等的單位！

比「億」、「兆」等更大的數目單位是什麼，最大到多少呢？兆的後面有**「京」**、**「垓」**、**「秭」**等單位，最大的單位是**「無量大數」**〔**圖1**〕。

這些單位除了用來表示地球重量等的特殊情況外，不會出現在日常生活上〔**圖2**〕。江戶時代數學家吉田光由的和算書**《塵劫記》**上（1627年出版）有寫到龐大數字的單位。另外，**「恆河沙」**、**「阿僧祇」**、**「那由多」**等在佛教典籍上出現的文字，是表示無限的數量或時間的用語。

日本的數字每4位數就會換單位，但在歐美是每3位數換單位。例如，**在美國million（＝100萬）是1,000,000，billion（＝10億）是1,000,000,000的單位用語**。另外，表示10的100次方的單位名為**googol**。這個單位是1920年美國數學家**愛德華‧卡斯納（Edward Kasner）**的外甥想出來的單位，經常出現在卡斯納的著作中。順帶一提，google的創辦人因為拼錯googol，便將錯就錯以此作為公司名稱。

有段期間，被認為在數學證明上會用到的最大數名為**「葛立恆數」**，其過於龐大無法用在一般算式上。

表示「天文學上」龐大數字的單位

▶ 日本的數字單位〔圖1〕

單位	數值
一	1
十	10
百	100
千	1000
萬	10000
億	10^8
兆	10^{12}
京	10^{16}
垓	10^{20}
秭	10^{24}
穰	10^{28}
溝	10^{32}
澗	10^{36}
正	10^{40}
載	10^{44}
極	10^{48}
恆河沙	10^{52}
阿僧祇	10^{56}
那由他	10^{60}
不可思議	10^{64}
無量大數	10^{68}

▶ 表示龐大數字的數值〔圖2〕

地球重量

約5秭9721垓9000京kg

人體的原子組成數量

約1000秭個

宇宙星球數量（推測）

約400垓

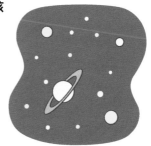

12 [數字] 完美？友愛？婚約？ 藏在因數裡的規則

原來如此！ 在數學中，根據不同的因數和有「**完美數**」、「**友愛數**」和「**婚約數**」等概念！

能被某數（自然數）整除的數字就叫「因數」。例如，6能被1、2、3、6等數字整除，1、2、3、6這4個數字便是6的因數。

然後6的因數中除了6以外的數字加起來剛好等於6。舉例來說，4的因數有1、2、4，但1加2不等於4。在這種情況下，**數字本身（這裡指6）以外的因數和等於該數字就叫「完美數」**〔**圖1**〕。最小完美數是6。《舊約聖經》紀載，上帝在6天內創造了世界，而下一個完美數是月球的公轉週期28天，因此6和28被視為完美的上帝之數。28接下來是496、8128……，在2018年發現第51個完美數。因為這些全是偶數，便留下「沒有奇數的完美數嗎」、「有無限多個完美數嗎」等尚未解決的疑問。

另外，**除了自身外的因數和等於對方的2個數字叫做「友愛數」**〔**圖2**〕。最小的友愛數是220和284。還有，**除了本身與1以外的因數和等於對方的2個數字名為「婚約數」**〔**圖3**〕。最小的婚約數是48和75。因數中居然藏了這些不可思議的規則。

因數相加出現的數字特性！

▶ 被視為神祕數字的完美數〔圖1〕

> 6的因數是1、2、3、6
> 除了6以外的因數和是1＋2＋3＝6

第51個完美數是目前已知的最大完美數。
110847779864…（略）…007191207936
居然有…49724095位數！

▶ 因數和等於彼此的數字「友愛數」〔圖2〕

> 220的因數中除了220，其餘相加……
> 1＋2＋4＋5＋10＋11＋20＋22＋44＋55＋110＝284
>
> 284的因數中除了284，其餘相加……
> 1＋2＋4＋71＋142＝220

▶ 偶數和奇數組成的「婚約數」〔圖3〕

> 48的因數中除了48和1，其餘相加……
> 2＋3＋4＋6＋8＋12＋16＋24＝75
>
> 75的因數中除了75和1，其餘相加……
> 3＋5＋15＋25＝48

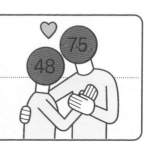

不可不知！數學的各種知識 第1章

雪赫拉莎德數？小町算？ 四則運算的神奇規則

原來如此! 從「**雪赫拉莎德數**」或「**小町算**」的 四則運算中，能感受到**神祕數字**！

　　使用加減乘除**4個基本規則做算術的方式稱為「四則運算」。透過四則運算，找出具神祕特質的數字規則**吧。

　　首先是「**雪赫拉莎德數（1001）**」，這是重複輸入3位數得到的6位數字，除以1001又回到原始數字的法則。例如，「894894」除以1001等於「894」……的情況〔**圖2**〕。雪赫拉莎德是《一千零一夜》故事中出現的王妃，因為除數是「1001」便稱此數字為雪赫拉沙德數。

　　「**小町算**」是在1到9的數字內插入「＋」、「－」、「×」、「÷」的符號，答案等於100的算式〔**圖1**〕，因為「該算式如小野小町般美麗」，故取名為小町算。

　　還有名為「**循環數**」的數字。例如「**142857**」，其乘以2、3或4時，會得出與「142857」數字順序一樣的循環數字〔**圖3**〕。「588235294117647」也是循環數。

　　在數字世界裡，有很多像這樣具備神奇特質的數字或規則。

利用四則運算發現神奇的數字世界

▶ 小町算〔圖1〕

順向（1⇒9的順序）

$123+45-67+8-9=100$

$123-4-5-6-7+8-9=100$

$123+4-5+67-89=100$

$1+2+3-4+5+6+78+9=100$

$1×2×3×4+5+6+7×8+9=100$

$1+2+3+4+5+6+7+8×9=100$

$1×2×3-4×5+6×7+8×9=100$

$1+2+34-5+67-8+9=100$

$1+23-4+5+6+78-9=100$

$12+3+4+5-6-7+89=100$

$12-3-4+5-6+7+89=100$

$1+23-4+56+7+8+9=100$

逆向（9⇒1的順序）

$98-76+54+3+21=100$

$98+7-6+5-4+3-2-1=100$

$98+7-6×5+4×3×2+1=100$

▶ 雪赫拉沙德數〔圖2〕

重複輸入 **894** 得到「894894」，除以1001……

$$
\begin{array}{r}
894 \\
1001\overline{)894894} \\
8008 \\
\hline
94094 \\
9009 \\
\hline
4004 \\
4004 \\
\hline
0
\end{array}
$$

回到原始數字

▶ 循環數〔圖3〕

142857 乘以
1到6的數字……

$142857×1=142857$

$142857×2=285714$

$142857×3=428571$

$142857×4=571428$

$142857×5=714285$

$142857×6=857142$

一樣的數字依相同順序循環出現！

142857 乘以 **7** 的話……

$142857×7=999999$

出現6個9的並排數字！

039　　不可不知！數學的各種知識　**第1章**

「m」等的距離「單位」，是誰、在何時制定的？

原來如此！「**公尺**」的長度單位是以**地球大小**為基準在18世紀末制定的！

日本自古以來是用「尺」或「寸」作為長度的測量單位，不過現在以日本為首很多國家都使用「**m（公尺）**」、「**cm（公分）**」。這些單位是誰在何時制定的呢？

全球各地慣用的長度單位不一，在貿易上相當不方便。18世紀末法國大革命爆發之際，法國政治家塔列朗呼籲制定新的統一單位。經過多番討論後，決定以**北極到赤道長度的1000萬分之一為「1公尺」**。6年後，再度測量法國北岸敦克爾克到西班牙巴塞隆納之間的距離，以該結果為基礎計算赤道到北極的距離，制定出「1公尺」的長度。順帶一提，這個計算結果正好可以算出**地球周長約為4萬公里**〔**圖1**〕。

法國製作了1公尺長的金屬尺「**國際公尺原器**」作為測量標準。大約在100年後，各國簽訂統一國際度量衡單位的《米制公約》，日本也參與其中。之後，因為時間一久金屬容易變形，便在1983年改用**光速**定義公尺〔**圖2**〕。

長度單位「公尺」

▶ 制定公尺長度的方法〔圖1〕

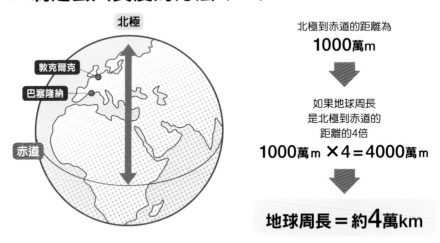

北極

敦克爾克

巴塞隆納

赤道

北極到赤道的距離為
1000萬m

如果地球周長
是北極到赤道的
距離的4倍

1000萬m ✕ 4 = 4000萬m

地球周長 = 約4萬km

※正確來說赤道周長為40075km，經南北極繞地球1圈是40005km。

▶ 公尺原器的歷史〔圖2〕

公尺原器是1799年以
測量結果為標準製作的
第一代扁平狀原器。之
後根據1879年召開的
國際會議，製作鉑銥合
金鑄造的「國際公尺原
器」。

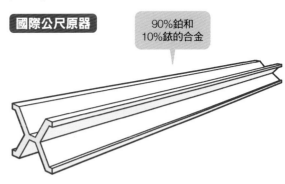

國際公尺原器

90%鉑和
10%銥的合金

日本在1885（明治18）年加入米制
公約，1890收到國際公尺原器。

1983年，將1m的基準改成光在真空
中於2億9979萬2458分之一秒內前
進的距離。

　不可不知！數學的各種知識

15

[知識]

英寸、英尺、英里……
美國人不愛用公尺？

原來如此！ 英寸或英尺是美國人日常生活中
長期慣用的單位，**不可能更動！**

　　表示長度數字時使用「m（公尺）」、質量用「g（公克）」、
體積用「l（公升）」當單位的制度稱作「**公制**」。全球大部分的國家
都以公制作為度量衡標準，只有**賴比瑞亞、緬甸和美國這3國不使用
公制**。

　　在美國，用「**inch（英寸）**」、「**feet（英尺）**」、「**yard
（碼）**」、「**mile（英里）**」等單位來表示長度。因為高爾夫球用碼
當單位，美國職棒大聯盟用英里表示球速，我想很多人都聽過。這些
單位是以手指寬度、腳長或手臂長度等為標準來決定數字〔**右圖**〕。

　　另外，重量單位「**pound（磅）**」在日本是用來表示拳擊選手
的體重，但對美國人而言卻是生活常用單位。1磅是7000顆大麥的重
量，即是人們1天食用的大麥粉數量，符號寫做「lb」。

　　在美國持續使用這種特殊單位的理由眾說紛紜，不過可以確定這
些用法在日常生活根深蒂固，如今很難改用公制。

▶ 長度、質量單位與由來

英寸

1英寸＝2.54cm

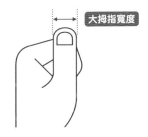

大拇指寬度

英尺

1英尺＝30.48cm

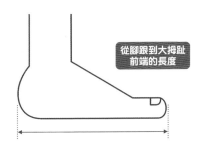

從腳跟到大拇趾
前端的長度

碼

1碼＝91.44cm

張開手臂從頭頂
到指尖的長度

英里

1英里＝1609.344m

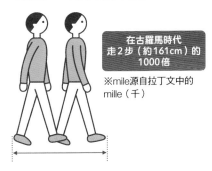

在古羅馬時代
走2步（約161cm）的
1000倍

※mile源自拉丁文中的
mille（千）

磅

1磅＝453.592g

1顆大麥的重量
是1格令（grain），
7000倍就是1磅

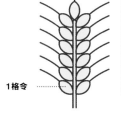

1格令

單位換算表

1英尺 ＝ 12英寸

1碼 ＝ 3英尺

1英里 ＝ 1760碼

不可不知！數學的各種知識 **第1章**

要用多長的繩子才能在離地1m的情況下繞地球一圈？

展現數學理論凌駕直覺的知名題目，英國數學家威廉・惠斯頓（William Whiston）在1702年提出的問題。

1 假設有1條繩子繞地球赤道一圈。

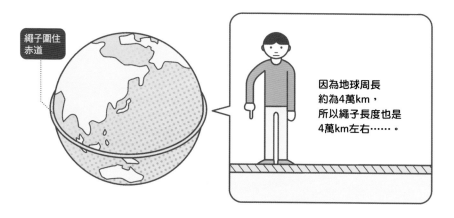

繩子圍住赤道

因為地球周長約為4萬km，所以繩子長度也是4萬km左右……。

2 繩子長度必須為幾m才可離地1m？

把繩子拉高1m就不夠長了……。

1m

地球周長大約是4萬km，地球半徑大約是6350km。當繩子離地1m時會有多長？

為了方便計算，**把地球半徑設成Rm**。這時地球的直徑是R＋R＝2R。計算**圓周長的公式是「直徑×π」**，所以繩子長度（地球周長）是2R×π＝2Rπ。

繩子長度的計算方法

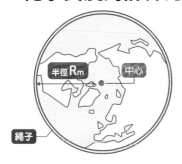

圍住赤道的繩子長度

$2R \times \pi = 2R\pi$

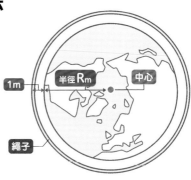

離地1m的繩子長度

$(R+1) \times 2 \times \pi = 2R\pi + 2\pi$

距離地面1m時，繩子圍成的圓形半徑是**（R+1）m**。這時繩子圍成的圓形直徑是（R+1）×2＝2R＋2，繩子長度（離地1m的圓周長）是**（2R+2）× π＝2Rπ＋2π**。也就是說，繩子離地1m的必要長度是（2Rπ＋2π）－2Rπ＝2π（m）。因為π約等於3.14，所以**6.3m的繩子就夠了**。

「偏差值」如何計算，有什麼含意？

原來如此! 偏差值指的是在**某個群體**內的**個人學習能力**！從顯示數據分散程度的**標準差**中求得！

　　參加全國模擬考等測驗時，最後會在答案紙上寫出「**偏差值**」。有時候就算得分低偏差值卻不錯，有時候卻相反，偏差值是怎麼算出來的，又有什麼含意呢？

　　偏差值表示在**某個群體內的個人學習能力**。以偏差值50為平均值，看出和平均值有多少差距的數字。因此，相同的分數在成績高的群體偏差值就低，在成績低的群體偏差值就高。

　　計算偏差值要先求出平均值。將考生分數除以考生人數得出平均值。接著再算「**標準差**」。**標準差是顯示數據分散程度的指標**，先算出偏差（個人分數和平均分數的相差值），再算變異數（偏差平方和的平均值），再算出變異數的平方根。求出標準差就能計算偏差值〔**右圖**〕。

　　如果考生分數集中在平均值附近，標準差就小，分數落差大的話標準差就大。當考生人數少，或考生的學習能力差距大時，偏差值幾乎不具參考價值。**和個人學習程度相當的群體一起考試，偏差值才會是有效指標。**

從標準差求偏差值

▶ 偏差值的計算方法　　有A、B、C、D、E 共5人參加考試。

Ⓐ 80分　Ⓑ 70分　Ⓒ 60分　Ⓓ 50分　Ⓔ 40分

---

1 算出5人的平均分數

$$80＋70＋60＋50＋40＝300$$
$$300÷5＝60分$$

2 算出偏差（個人分數和平均分數的相差值）和偏差平方

	偏差	偏差平方
Ⓐ	$80－60＝20$	400
Ⓑ	$70－60＝10$	100
Ⓒ	$60－60＝0$	0
Ⓓ	$50－60＝-10$	100
Ⓔ	$40－60＝-20$	400

3 算出變異數（偏差平方和的平均值）

$$（400＋100＋0＋100＋400）÷5$$
$$＝200$$

4 計算變異數的平方根求出標準差

$$\sqrt{200}＝14.1421…$$

⬇

標準差是 14.14

5 計算偏差值

$$偏差值＝\frac{分數－平均分數}{標準偏差}×10＋50$$

Ⓐ $\dfrac{80－60}{14.14}×10＋50＝\mathbf{64.1}$

Ⓑ $\dfrac{70－60}{14.14}×10＋50＝\mathbf{57.1}$

Ⓒ $\dfrac{60－60}{14.14}×10＋50＝\mathbf{50}$

Ⓓ $\dfrac{50－60}{14.14}×10＋50＝\mathbf{42.9}$

Ⓔ $\dfrac{40－60}{14.14}×10＋50＝\mathbf{35.9}$

不可不知！數學的各種知識 **第1章**

「直線」也分成很多種？「直線」和「圖形」的概念

原來如此！ 直線可分成「**直線**」、「**射線**」、「**線段**」。
兩條以上的直線「**相交**」形成圖形。

「**直線**」泛指筆直的一條線，但數學上的定義是什麼呢？被稱為「幾何學之父」的古希臘數學家**歐幾里德（英文名：Euclid）**在其著作《幾何原本》中對線定義如下**「線沒有寬度只有長度，線的兩端是點」**。也就是說用鉛筆或原子筆畫出的線雖然有線寬，但在歐幾里德的定義中，線或點的寬度是忽略不計的。

在歐幾里德架構的「**歐氏幾何學**」中，將往兩方向無限延伸的直線稱作「**直線**」，往單方向無限延伸的直線稱作「**射線**」，起訖兩端不再延伸的直線稱作「**線段**」〔**圖1**〕。在同一平面上，不會相交的2條（或以上）直線稱作「**平行線**」。

非平行的相異直線一定會在某處相交。相異直線的相交點名為「**交點**」，2條直線相交產生4個「角」。這裡形成的角會衍生出數個規則〔**圖2**〕。然後，2條以上的直線圍成的圖形稱作「**多邊形**」。非平行的3條直線形成的多邊形就是「**三角形**」。像這樣從直線概念可以孕育出各種圖形。

直線的種類 **和** 平行線產生的角

▶「直線」、「射線」、「線段」的概念〔圖1〕

直線
無限延伸的直線。

射線
從一端開始往單方向無限延伸的直線。

線段
起訖兩端不再延伸的直線。

▶平行線和同位角、內錯角、對頂角〔圖2〕

2條平行直線的各處距離皆相等

- A 和 C 是同位角
- B 和 C 是內錯角
- A 和 B 是對頂角（經常相等）

一條直線和2條平行直線相交時，同位角等於內錯角

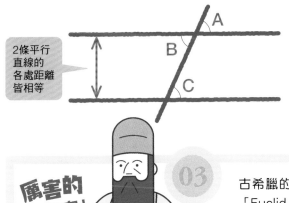

厲害的數學家！

03

歐幾里德
【西元前3世紀左右】

古希臘的數學家。英文名是：「Euclid」。著有13卷《幾何原本》。 根據歐幾里德周詳的數學證明歸納出的幾何學，稱作「歐氏幾何學」。

18 [圖形] 三角形、四邊形、圓形的特色與面積算法是？

 三角形和四邊形可分成好幾種，但圓形只有一種形狀而且直徑與圓周長的比值固定不變！

由直線相交形成的「三角形」或「四邊形」種類多樣。以下介紹各自的特色。三角形依角（內角）和邊長可分成「正三角形」、「直角三角形」、「等腰三角形」等形狀。四邊形可分成「正方形」、「長方形」、「梯形」、「菱形」等。利用對角線可將四邊形分成2個三角形，所以四邊形的內角和是360°（三角形內角和180°×2）。所有三角形的面積公式都是「底×高÷2」，但四邊形的面積公式依種類而異〔圖1〕。

另外，「圓形」在數學上如何定義呢？圓形是「在平面上，『某一點』和等距離的所有點連成的圖形」，「某一點」稱作「圓心」，形成圓形的曲線（圓的邊界長度）稱作「圓周長」，連接圓周上2點，通過圓心的直線名為「直徑」，從圓心延伸到圓周的直線名為「半徑」〔圖2〕。

順帶一提，圓周長與直徑的比值是「圓周率」，數值是3.1415……，為小數點以下無限循環的「無理數」（➡P28），故以符號「π」表示。

三角形、四邊形、圓形的基本資料

▶三角形和四邊形的主要種類〔圖1〕

三角形 面積公式都是 **底 × 高 ÷ 2**。

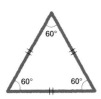

正三角形

三個邊的邊長都相等。

直角三角形

其中一個角是直角（90°）。

等腰三角形

有兩個邊的邊長相等。

等腰直角三角形

其中一個角是直角，而且兩邊的邊長相等。

四邊形 面積公式依種類而異。

正方形

四個邊的邊長相等，而且四個角都是直角。

邊長 × 邊長

長方形

四個角都是直角而且對邊等長。

長 × 寬

梯形

其中1組對邊平行。

（上底 ＋ 下底）×高 ÷ 2

菱形

四邊等長而且2組對邊平行。

對角線 × 對角線 ÷ 2

▶圓形的基本特色與公式〔圖2〕

圓周率（π）＝3.1415926…

圓周長＝直徑 × π

圓面積＝半徑 × 半徑 × π

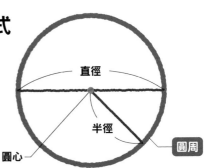

三角形等形狀的公式 是什麼時候發明的？

原來 如此! 古埃及或美索不達米亞的人們 已經知道直角三角形的邊長比例！

　　在古埃及，測量技術和幾何學相當發達。據說原因是尼羅河每年春天就氾濫。因為河川氾濫農地被水淹沒，土地邊界模糊不清，所以每年都要重新劃分農地界限。

　　古埃及的測量員名為**「拉繩人」**，用繩子丈量長度和面積。拉繩人知道**當三角形的邊長比例是3比4比5時，就會形成直角三角形**〔**圖1**〕。由此推算出直角三角形或長方形等的面積公式，在氾濫後的農地上正確訂出界限。

　　另外，**美索不達米亞**（現在的伊拉克）人的數學也很發達。在美索不達米亞南部的**巴比倫尼亞**，發現用「楔形文字」刻著複雜計算公式，如2次方程式等解法的泥板。在名為**「普林頓 322」**的泥板上還刻了很多像「120、119、169」、「3456、3367、4825」等**構成直角三角形的邊長比例數字**〔**圖2**〕。

　　古代就在進行這種極具水準的直角三角形研究。

自古研究的直角三角形

▶ 拉繩人的測量方法〔圖1〕

1 在1條繩子上的相同間隔處打上12個繩結。

1　2　3　4　5　6　7　8　9　10　11　12

2 拉緊繩子形成邊長比例3比4比5的三角形。

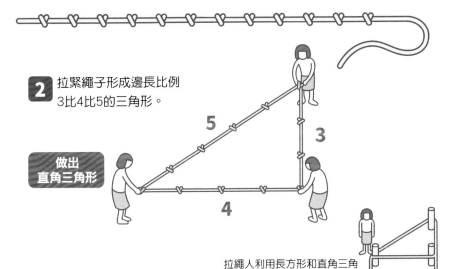

做出直角三角形

5

3

4

拉繩人利用長方形和直角三角形的組合進行測量。

▶ 普林頓322〔圖2〕

泥板上刻的「楔形文字」代表數字，記載直角三角形的邊長比例，但近年來也有人推測這些只是計算題的題目。

			<<<			<<			+	<<			
		<<		<<	++<<			<			
<<					+	<< <<	<<	+			
				<<<					<<						
	+			<<<		<<+	<<	+		
	<< +			<			+		

20 何謂「畢氏定理」？究竟什麼是「定理」？

[圖形]

畢氏定理是有關**直角三角形**的定理。
定理就是從**公理**和**定義**導出的結論！

　　「畢氏定理」又名**「勾股定理」**，是相當有名的定理。話說回來，**「定理」**到底是什麼呢？

　　數學上的定理是指從**「公理」**和**「定義」導出的結論**。公理是像「平面上相異2點可決定一條直線」的這種**「任何人都了解的重要前提」**。而定義是**「明確定下用語和意義」**，例如直角三角形的定義是「其中一個內角為直角的三角形」。找出根據，說明定理的正確性，讓人清楚明白這是事實，此稱之為**「證明」**。看似事實，卻還沒得到證明的**「命題」**（真假未定的文章或公式），不是「定理」，只能稱之為**「猜想」**。

　　「畢氏定理」，是古希臘數學家**畢達哥拉斯**發現的**直角三角形相關定理**之一，假設斜邊長為c，其他2邊長為a、b時，**「$a^2+b^2=c^2$」**的理論就會成立〔**圖1**〕。

　　據說這個定理是畢達哥拉斯看著地磚上的方格圖案想出來的。順帶一提，聽說畢氏定理有200種以上的證明方法〔**圖2**〕。

基礎定理和證明

▶ 畢氏定理〔圖1〕

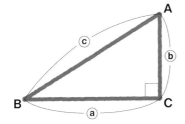

在內角C是90°的直角三角形下，

得出 $a^2 + b^2 = c^2$

的定理。

厲害的
數學家！

04

畢達哥拉斯

【西元前約570～西元前約496年】

古希臘數學家。主張「萬物皆數」，成立宗教學術團體「畢達哥拉斯教派」。

▶ 畢氏定理的證明之一〔圖2〕

如下圖，以4個直角三角形組成一個正方形。在單邊長為a+b的正方形內，可形成邊長是c的正方形。

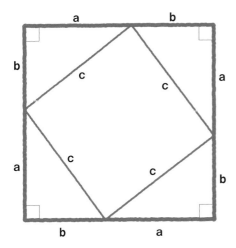

單邊長a+b的正方形面積是

$$(a+b) \times (a+b) = a^2 + 2ab + b^2$$

接著計算單邊長為c的正方形面積與4個直角三角形面積的總和。

$$c^2 + (a \times b \div 2) \times 4 = c^2 + 2ab$$

因為2者面積相同，所以

$$a^2 + 2ab + b^2 = c^2 + 2ab$$
$$a^2 + b^2 = c^2$$

會成立。

不可不知！數學的各種知識 **第1章**

阿基米德發明的「十四巧板」是什麼？

原來如此！ 用14塊形狀固定的**多邊形碎片**組成**正方形**的**拼圖**！

古希臘數學家**阿基米德**，不僅精通數學，在各領域如物理學或天文學等方面也頗有研究。阿基米德確立的原理領先了19世紀的數學概念。這位數學史上的大天才發明的拼圖就是**「十四巧板」**。

十四巧板是從現存唯一收錄阿基米德著作的手抄本中解析出來的。十四巧板原文stomachion的意思是「胃痛」，據說因為是「難到令人胃痛的拼圖」，便以此命名。十四巧板是由12×12的正方形，切割成**14塊形狀固定的多邊形**組合成的〔**右圖**〕。阿基米德試著重組14個多邊形，研究有多少種方法可以拼回原本的正方形。古代數學沒有**「組合學」**，由此可知阿基米德是該領域的先驅。

在阿基米德出完題目，大約2200年後的2003年解出該題答案。利用電腦算出有**1萬7152種方法**。**扣除其中的對稱組合，還有536種拼法**。挑戰十四巧板，或許能感受到阿基米德偉大的成就。

▶ 阿基米德的十四巧板

由12×12的正方形切成的14塊碎片組合而成。

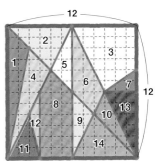

這就是
十四巧板

這些只是
解答範例，
居然有1萬
7152個答案！

正解範例

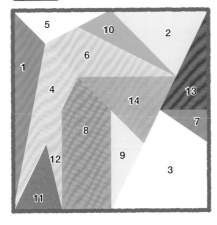

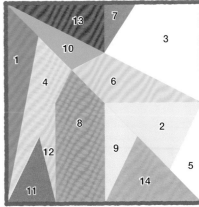

Q 最少要用幾種顏色才能劃分地圖上的各區域？

| 2色 | or | 3色 | or | 4色 | or | 5色 |

在白色的日本地圖或世界地圖上色，當區分都道府縣或國別時，相鄰地區必須用不同的顏色才分得清楚。那最少要用幾種顏色才能劃分任何地圖上的區域呢？

「至少需要幾種顏色才能劃分地圖上的區域？」其實這個問題，自古以來一直困擾著地圖繪製師。1852年英國學生法蘭西斯・古德里（Francis Guthrie）在畫英國各郡的地圖時，猜想「4種顏色就夠了吧？」便成為數學界的**「四色問題」**。

請把地圖著色規則當成**「邊界相鄰的區域要用不同色，只共用交**

點的地區可以用相同顏色」。

　　接著，試算一下「四色問題」吧。舉例來說，某個地區和數個區域相鄰，相鄰的區域數是偶數的話用3種顏色就能劃分。但是相鄰區域是奇數個的話，則最少需要4種顏色。

相鄰區域是偶數、奇數的塗法

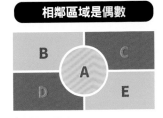

相鄰區域是偶數

➡ 用3色就能劃分

相鄰區域是奇數

➡ 必須用4色才能劃分

　　不過，要提出數學證明，驗證在任何情況下只要4種顏色就能劃分清楚是有難度的。有很多數學家挑戰四色問題的證明，但都失敗了。無解的四色問題一直到1976年，才被數學家凱尼斯・阿佩爾（Kenneth Appel）和沃夫岡・哈肯（Wolfgang Haken）用電腦找出約2000種圖樣，終於獲得驗證。四色問題確定為**「四色定理（對於平面上的任何地圖，以顏色區分相鄰區域時，4種顏色就夠了」**。

　　總之答案就是「4色」。不過，聽說有很多數學家沮喪地認為用電腦驗證的定理「不是數學證明」。

22 為什麼蜂窩的形狀是正六邊形？

[圖形]

原來如此! 因為蜜蜂基於天性，用**最少的材料**和**力氣建構最寬敞的空間**！

像正三角形或正方形等，**所有邊長相等，並且所有角也相等的多邊形稱作「正多邊形」**。蜂窩的「**正六邊形**」是自然界最為人熟知的正多邊形。那麼，為什麼蜂窩要築成正六邊形呢？

就像在地板鋪設磁磚一樣，要在平面上鋪滿正多邊形而且不留下縫隙，只能用**「正三角形」、「正方形」、「正六邊形」**這3種形狀。因為正多邊形的內角和必須是360°〔**圖1**〕，才會鋪滿平面。另外，要鋪出1cm^{2}的面積，正三角形的周長必須為4.5cm左右，正方形則是4cm，正六邊形大約為3.72cm。也就是說，在這3個當中，**正六邊形是可用最短周長做出最大空間的形狀**。

製作蜂窩的材料是蜜蜂分泌的蜜蠟。因為蜜蠟的分泌量少，築巢作業相當辛苦。蜜蜂為了用最少的材料與勞力，創造出最寬敞的空間，便將蜂巢蓋成正六邊形。

正六邊形緊密相連的結構名為「蜂巢結構」，大多應用在可用最少材料保有良好強度的產品上〔**圖2**〕。

鋪滿平面的正多邊形

▶ 在平面上緊密排列的正多邊形〔〕

正三角形

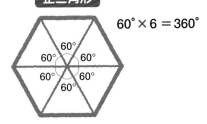

$$60° \times 6 = 360°$$

正方形

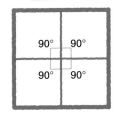

$$60° \times 6 = 360°$$

正六角形

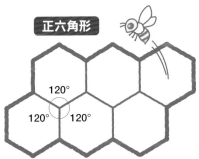

$$120° \times 3 = 360°$$

內角度數要大於正六邊形（內角120°），而且內角和為360°，只能是180°（×2），但沒有內角180°（直線）的正多邊形。

▶ 運用蜂巢結構的產品〔圖2〕

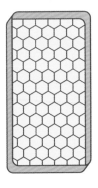

智慧型手機的耐衝擊保護殼內部

足球門網

不可不知！數學的各種知識 第1章

將圓形蛋糕切成 5等分的方法是什麼？

原來 如此！

如果是**圓形**，**把圓心角分成5等分**就OK了。 **四方形**分成5等分的難度更高！

　　依人數分切圓形蛋糕……。雖然不是件簡單的任務，但了解圓形的特色就能找出最適當的分法。

　　圓形的特色是**圓心到圓周的各點距離（半徑）都相等**。人孔就是運用圓形特點設計的。人孔蓋通常是圓形。做成圓形的話，只要不裂開，無論怎麼斜放都不會掉進洞內。如果是四方形，任一邊長都比對角線短。因此四方形的人孔蓋一斜放就容易掉進洞內〔**圖1**〕。

　　然後，「圓形的半徑都相等」，表示**能平分圓心角360°的話，就能均分面積**。舉例來說，要把圓形蛋糕切成3等分時，就把圓心角分成3等分（各120°），要切成5等分時，把圓心角分成5等分（各72°）即可〔**圖2** 左〕。

　　順帶一提，把四方形蛋糕分切成5等分的難度相當高。舉例來說，用經過**正方形蛋糕中心（對角線的交點）的線**，把蛋糕平分5等分時，取出整體面積 $\frac{1}{5}$ 的三角形，剩餘部分再平分成4等分，不會切出形狀統一的蛋糕〔**圖2** 右〕。

圓形面積平分容易！

▶ 人孔蓋做成圓形的原因〔圖1〕

如果是四方形人孔蓋，任一邊長都比對角線短，斜放時容易掉進洞裡。

圓形人孔蓋的話，無論從哪個角度掉落都會卡在洞口。

▶ 圓形、正方形蛋糕平分成5等分的方法〔圖2〕

圓形 在圓形的紙上畫出圓心角72°的5等分線，沿著線均分蛋糕。

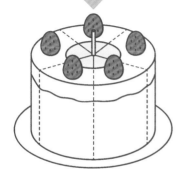

正方形 假設邊長為10cm，正方形面積等於100cm²。分切後的面積是20cm²（100cm²÷5）。

總面積是100cm²

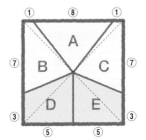

A的面積

$8 \times (10 \div 2) \div 2 = 20cm^2$

B、C的面積

$1 \times (10 \div 2) \div 2 + 7 \times (10 \div 2) \div 2 = 20cm^2$

D、E的面積

$3 \times (10 \div 2) \div 2 + 5 \times (10 \div 2) \div 2 = 20cm^2$

（單位是cm）

不可不知！數學的各種知識 **第1章**

24 圓周率是誰、在什麼情況下發現並算出來的？

[圖形]

原來如此！ 古代人經由**馬車輪的轉動**發現圓周率。
阿基米德最早用數學算出圓周率！

　　圓周率是表示圓周長為直徑幾倍的數值。為3.1415……小數點以下無限循環的「**無理數**」（➡P28）。因此用符號「π」來表示圓周率。另外，π的數值固定和圓的大小無關。像π這種不隨著時間或條件發生變化的數字稱作「常數」。

　　人類自古代起就在計算圓周率的數值。古人發現馬車的車輪轉動1圈，前進的距離大約是車輪直徑的3倍，便思索起該問題。數學史上最早用數學算出圓周率的是**阿基米德**（➡P78），阿基米德使用名為**「窮盡法」**的計算方式，算出圓周率的近似值。窮盡法是從圓的內接與外切正多邊形算出圓周率範圍的方法〔右圖〕。阿基米德計算內接與外切正多邊形到近乎圓形的**正九十六邊形**，求出內接正九十六邊形的周長是$\frac{223}{71}$，外切正九十六邊形的周長是$\frac{22}{7}$。由此得知 π 比 $\frac{223}{71}$（3.140845…）大，比$\frac{22}{7}$（3.142857…）小。

　　現在可以用電腦算到圓周率小數點後的31兆4000億位數。

窮盡法的概念

▶ 用和圓相接的正方形與正六邊形來思考的窮盡法

在窮盡法中，用圓的內接與外切多邊形算出圓周長。

正方形

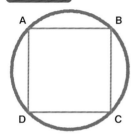

正方形邊長 **AB**

比圓弧 **AB** 短。

➡ 由此得知圓內接正方形的周長 **小於圓周長**。

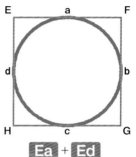

Ea + **Ed**

比圓弧 **ad** 長。

➡ 由此得知圓外切正方形的周長 **大於圓周長**。

正六邊形

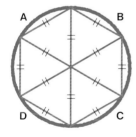

和直徑1的圓內接的正六邊形，可以切成6個正三角形，所以正六邊形的周長是3，由此得知**圓周長大於3**。

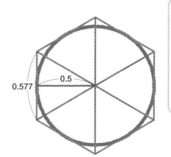

正三角形公式

$$a = \frac{2}{\sqrt{3}}h$$

圓的半徑（0.5）是正三角形的高。從**正三角形的公式**可以求出邊長是2÷（1.732…）×$\frac{1}{2}$＝0.577…，再將此數字乘以6等於3.464…。

➡ **圓周率比3大，比3.464小！**

不可不知！數學的各種知識 **第1章**

古人如何算出地球周長？

用兩座城市的**太陽高度差**與**都市間的距離**來計算！

提出尋找質數方法的古希臘數學家**埃拉托斯特尼**，另一項為人所知的貢獻是在西元前3世紀左右，算出地球周長的近似值。這是怎麼算出來的呢？

希臘人觀察太陽和月亮的變化得知**地球是球體**。埃拉托斯特尼在1年內太陽升得最高的夏至正午時分，發現可以在亞斯文城的深井底看到反射的陽光。這表示**太陽在正上方照著地面**。同一天正中午，在亞斯文北部的亞歷山大城內，太陽並沒有升到城市的正上方。埃拉托斯特尼透過立竿的影子發現**和亞斯文的太陽高度相差7.2°**〔**圖1**〕。

$360° \div 7.2° = 50$，埃拉托斯特尼由此推測，地球周長是兩座城市間的距離5000斯塔德（stadia，古希臘長度單位）的50倍，約為25萬斯塔德〔**圖2**〕。

1斯塔德約是0.185km，所以25萬倍等於**46250km左右**。實際的地球周長大約是4萬km，可以說是相當接近的數值。就算在古代，透過數學也能得知地球的大小。

地球周長的測量方法

▶ 夏至當天的太陽高度 〔圖1〕

雖然在亞斯文沒有陰影，但在亞歷山大
可從立竿看到影子，量出太陽的高度差是7.2°。

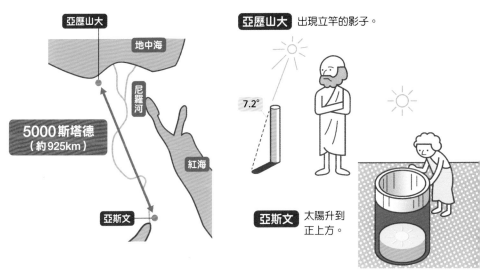

亞歷山大 出現立竿的影子。

7.2°

亞斯文 太陽升到
正上方。

亞歷山大

地中海

尼羅河

5000斯塔德
（約925km）

紅海

亞斯文

▶ 產生太陽高度差的原因 〔圖2〕

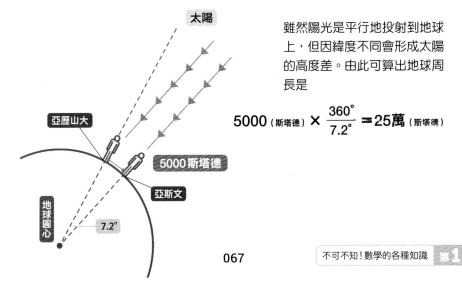

太陽

雖然陽光是平行地投射到地球
上，但因緯度不同會形成太陽
的高度差。由此可算出地球周
長是

$$5000 \text{（斯塔德）} \times \frac{360°}{7.2°} = 25萬 \text{（斯塔德）}$$

亞歷山大

5000斯塔德

亞斯文

地球圓心

7.2°

不可不知！數學的各種知識 第1章

26

[圖形]

計算新月形面積？
「月牙定理」

原來如此!

不用圓周率，就能正確算出
曲線圍成的**特定新月形面積**！

　　要怎麼計算曲線圍成的圖形面積呢？古希臘的數學家們為了測量領土等面積，努力求解**「能用直尺與圓規畫出和圓形面積相等的正方形嗎？」**的**「化圓為方問題」**〔**圖1**〕。

　　當時，已經知道可用「半徑×半徑×π」來算圓面積，不過因為π是3.141……的無理數，只能算出近似值。在這當中，持續研究化圓為方問題的數學家**希波克拉底（Hippocrates）**，發現**如果是特定的新月形面積，不用圓周率也能算出正確面積**。此為**「月牙定理」**。

　　月牙定理是，在直角三角形ABC上，以邊長AB、AC、BC為直徑畫出半圓形，當全部畫在同一邊時，2個新月形（S_1、S_2）的面積總和，等於直角三角形面積（S_3）〔**圖2**〕。月牙定理可用**畢氏定理**（➡P54）證明無誤。

　　順帶一提，1882年證明了π為**超越數**（不滿足任何代數方程式的數字），從數學上證實化圓為方問題無法用尺規作圖。

從化圓爲方問題到月牙定理

▶ 化圓爲方問題〔圖1〕

能用尺規畫出和已知圓形面積相等的正方形嗎？

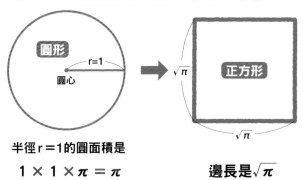

希望準確
量出圓形的
土地……

半徑 r＝1的圓面積是

$$1 \times 1 \times \pi = \pi$$

邊長是 $\sqrt{\pi}$

▶ 月牙定理與證明〔圖2〕

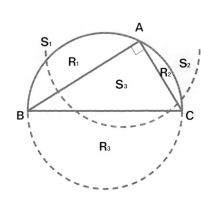

直角三角形 **ABC** 的面積 S_3
等於新月形 $S_1 + S_2$ 的面積。

證明 由畢氏定理得知
$$AB^2 + AC^2 = BC^2$$

因為半圓形面積是 $\left(直徑 \times \frac{1}{2}\right)^2 \times \pi \times \frac{1}{2}$

$$(S_1 + R_1) + (S_2 + R_2) = R_3$$

所以半圓形R_3的面積等於$R_1 + R_2 + S_3$，

$$S_1 + R_1 + S_2 + R_2 = R_1 + R_2 + S_3$$

故得證 $S_1 + S_2 = S_3$

不可不知！數學的各種知識 **第1章**

27 有無限多個？
[數字] 「質數」是什麼數字？

原來如此! 質數是**只能被本身和「1」整除的自然數**，有無限多個！

在除法中，4能被2整除，6能被3整除。像這樣能被某個整數除盡的整數稱作「因數」。但是，2和3不能被更多數字整除。像2和3這種**只能被本身和「1」整除的數字稱作「質數」**。質數都是奇數，「1」不是質數。

2以上的自然數可分成質數，與除了1和本身以外還有其他因數的合數，都有無限多個。另外，假設n為自然數時，奇數質數可寫成「4n＋1」或「4n－1」，但是可用該算式表示的數字未必是質數。寫成「4n＋1」的質數，還有一個有趣的特色，就像$13＝2^2＋3^2$，可以用2個平方和來表示。

古希臘數學家**埃拉托斯特尼**，提出找出質數的方法。舉例來說，在1～100當中，從1開始依序在格子內寫下數字，再依次劃掉2的倍數、3的倍數和小質數，沒被劃掉留下來的數字就是質數。這個方法名為**「埃拉托斯特尼篩法」**〔**右圖**〕。順帶一提，1～100有25個質數，1～1000有168個，1～10000有1229個質數。

▶ 埃拉托斯特尼篩法

1 劃掉第一個質數「2」和2的倍數

1	②	3	4	5	6	7	8	9	10
11	12	13	14	15	16	17	18	19	20
21	22	23	24	25	26	27	28	29	30
31	32	33	34	35	36	37	38	39	40
41	42	43	44	45	46	47	48	49	50
51	52	53	54	55	56	57	58	59	60
61	62	63	64	65	66	67	68	69	70
71	72	73	74	75	76	77	78	79	80
81	82	83	84	85	86	87	88	89	90
91	92	93	94	95	96	97	98	99	100

2 劃掉下一個質數「3」和3的倍數

1	②	③	4	5	6	7	8	9	10
11	12	13	14	15	16	17	18	19	20
21	22	23	24	25	26	27	28	29	30
31	32	33	34	35	36	37	38	39	40
41	42	43	44	45	46	47	48	49	50
51	52	53	54	55	56	57	58	59	60
61	62	63	64	65	66	67	68	69	70
71	72	73	74	75	76	77	78	79	80
81	82	83	84	85	86	87	88	89	90
91	92	93	94	95	96	97	98	99	100

3 劃掉下一個質數「5」和5的倍數

1	②	3	4	⑤	6	7	8	9	10
11	12	13	14	15	16	17	18	19	20
21	22	23	24	25	26	27	28	29	30
31	32	33	34	35	36	37	38	39	40
41	42	43	44	45	46	47	48	49	50
51	52	53	54	55	56	57	58	59	60
61	62	63	64	65	66	67	68	69	70
71	72	73	74	75	76	77	78	79	80
81	82	83	84	85	86	87	88	89	90
91	92	93	94	95	96	97	98	99	100

4 劃掉下一個質數「7」和7的倍數

1	②	3	4	⑤	6	⑦	8	9	10
11	12	13	14	15	16	17	18	19	20
21	22	23	24	25	26	27	28	29	30
31	32	33	34	35	36	37	38	39	40
41	42	43	44	45	46	47	48	49	50
51	52	53	54	55	56	57	58	59	60
61	62	63	64	65	66	67	68	69	70
71	72	73	74	75	76	77	78	79	80
81	82	83	84	85	86	87	88	89	90
91	92	93	94	95	96	97	98	99	100

厲害的 數學家！

05

埃拉托斯特尼
【西元前約275～西元前約194年】

古希臘數學家。也是知名的全能博學者。將地球當成球體，透過計算推測出地球周長約4萬km（➡P66）。

接著再劃掉下一個質數「11」後，除去「2、3、5、7」的倍數的話，就是121（11×11）。因為121大於100，由此可知1～100的質數就是第 **4** 個步驟 剩下的數字 。

不可不知！數學的各種知識 **第1章**

28 [數字] 有算出高位數質數的公式嗎？

原來如此! 尚未發現具體的公式。
利用「梅森質數」可找出一部分！

用「**埃拉托斯特尼篩法**」（➡ P70），能找出已知範圍內的質數，但很難從幾萬、幾億大的數字中找到質數。那麼有**能確實找出質數的公式**嗎？其實，在數學界有多位數學家尋找過，卻無人能發現〔**圖1**〕。

1644年，法國數學家**梅森（Mersenne）**發現當2的n次方減1時，**有些數字是質數**，他猜想「寫成2^n-1的數字（梅森數）是質數時，如果n是小於257的質數，n只會是2、3、5、7、13、17、19、31、67、127、257」。用這個公式算出的質數名為「**梅森質數**」〔**圖2**〕。但是梅森猜想在「n等於67、257」時發生錯誤，並於之後的研究中得知「n等於61、89、107」時是梅森質數。

在20世紀也找到了n大於257的梅森質數。現在則是有**判定梅森數是否為質數的簡便方法**。在2018年發現的第51個梅森質數是$2^{82589933}-1$，該數字已超過2486萬位數。

找出超大質數的公式

▶ 有找出質數的公式嗎？〔圖1〕

質數的分布看似不規律，若有規則可循，應該就能公式化。但是，一直以來有多位數學界的天才，試著尋找能確實發現質數的公式，至今仍未找到。

$$?×?÷?\cdots=質數$$

▶ 梅森質數〔圖2〕

2018年發現第51個梅森質數。

$2^2-1=3$

$2^3-1=7$

$2^5-1=31$

$2^7-1=127$

$2^{13}-1=8191$

$2^{17}-1=131071$

$2^{19}-1=524287$

$$\vdots$$

$$2^{82589933}-1$$
$$=（2486萬2048位數的數字）$$

這就是第51個梅森質數

用2^n-1算出的數字當中有質數！

梅森

不可不知！數學的各種知識 **第1章**

29 [數字] 歐拉？黎曼？挑戰質數的數學家

原來如此！ **質數的分布**看似有規律性，至今卻無人能找出**公式**！

為什麼數學家們重視質數呢？因為「質數是無法再被整除的基本數字」，他們認為如果能從中找到規律，就能接近**支配大自然或宇宙的規則**。但是，依然只能看出質數分布的不規則性。

最近接觸質數之謎的是18世紀的瑞士數學家**歐拉（Euler）**（➡ P122）。歐拉從只由質數組成的算式中，發現**質數和圓周率（π）關係密切**〔**圖1**〕。

德國數學家**黎曼（Riemann）**更在19世紀，解析拓展歐拉研究中名為**「Zeta函數（ζ函數）」**的數列，猜想無限多個的質數分布具規則性。這就是「**黎曼猜想**」〔**圖2**〕。這個猜想是**數學界最早把質數具規則性視為正式數學問題的發言**，據說若能證明這個猜想，就能貼近質數之謎。

不過黎曼猜想太過艱澀，黎曼本人也無法驗證，之後有無數位天才數學家挑戰要證明黎曼猜想，卻都失敗了，當中還有數學家為此瘋癲。黎曼猜想是當今數學界最大的難題之一。

挑戰質數之謎的歐拉和黎曼

▶ 歐拉的質數相關公式〔〕

$$\frac{2^2}{2^2-1} \times \frac{3^2}{3^2-1} \times \frac{5^2}{5^2-1} \times \frac{7^2}{7^2-1} \times \frac{11^2}{11^2-1} \times \frac{17^2}{17^2-1} \cdots = \frac{\pi^2}{6}$$

➡ 只用質數組成的分數連續相乘的話，會出現**圓周率「π」**！

▶ Zeta函數（ζ函數）與黎曼猜想〔〕

黎曼拓展歐拉研究的ζ函數，提出質數分布具規則性的「黎曼猜想」。

$$\zeta(s) = \frac{1}{1^s} + \frac{1}{2^s} + \frac{1}{3^s} + \frac{1}{4^s} + \frac{1}{5^s} + \frac{1}{6^s} \cdots$$

⬇ 代入S＝2的話，出現$\frac{\pi^2}{6}$！

$$\zeta(2) = \frac{1}{1^2} + \frac{1}{2^2} + \frac{1}{3^2} + \frac{1}{4^2} + \frac{1}{5^2} + \frac{1}{6^2} \cdots = \frac{\pi^2}{6}$$

⬇ 黎曼從ζ函數做出的猜想

黎曼猜想

ζ函數的非平凡零點

〔滿足 ζ(s)＝0的s〕

應該都位於一條直線上

如果能證明這個猜想，就會知道質數如何分布。

厲害的數學家！ 06

伯恩哈德・黎曼
【1826～1866】

德國數學家。先進的研究促成20世紀數學分析和幾何學的發展。

30 質數可以應用於何處？

[數字]

原來如此! 「**質數乘積**幾乎不可能被質因數分解」的特性，適用於**網路密碼**！

　　雖然質數很難被發現，但找到的話可用於何處呢？質數有**「質因數分解」**的運算。某個自然數（正整數）除以「質數」，寫成質數乘積的算式，例如「30」可以寫成「2×3×5」。

　　質因數分解，如果是2位或3位數就很簡單，一旦成為幾十位數的數字就很難解開。另外，若有人試圖對這個數字進行質因數分解的話，勢必只能從2開始依序找出能整除的質數，相當費時。也就是說，**質數乘以質數的大乘積，第三者要對該數做質因數分解，可謂困難重重**。

　　「RSA密碼」就是利用這項特質〔**右圖**〕。RSA密碼用於電子郵件或網路購物上。例如，要傳送信用卡號碼給對方時，**接收者使用公開的質數乘積加密**。接收者收到密碼後就用祕密的**「質數組合」**來解碼。就算第三者得知密碼，在不知道質數組合的情況下要破解密碼，就算用電腦也幾乎不可能做到。

用質數乘積當密碼

▶RSA密碼結構

例 傳訊者 **A** 要發送信用卡號碼給接收者 **B** 時

1 接收者 **B** 公開質數乘積。該數字稱作公開金鑰。（實際上用的是超多位數的公開金鑰，此處為了方便說明，金鑰設為「221」）

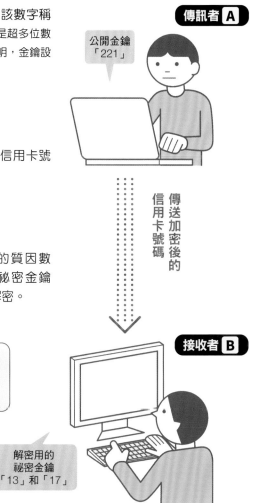

傳訊者 **A**

公開金鑰「221」

2 傳訊者 **A** 使用公開金鑰把信用卡號碼加密，傳給接收者 **B** 。

傳送加密後的信用卡號碼

3 接收者 **B** 握有「221」的質因數「13」、「17」，即為祕密金鑰（質數組合），用這個來解密。

接收者 **B**

> **RSA密碼的重點**
> 因為只有接收者持有祕密金鑰，沒有傳遞金鑰也可以加密。

解密用的祕密金鑰「13」和「17」

天真趣聞軼事流傳？古代最傑出的科學家
阿基米德
（西元前287？-西元前212）

阿基米德不只是古希臘數學家，也是精通各科學領域如物理學或天文學等的超級天才。出生於西西里島的城市國家敘拉古，據說他在泡澡時注意到「浮力理論（阿基米德原理）」，高興得一邊大叫「Eureka！（我知道了！）」一邊光著身體跑到街上。發現「槓桿原理」時，他說「給我一個支點和棍子，就能移動地球」等將真性情表露無遺的趣事。

在數學方面，透過「窮盡法」算出圓周率是「大於3.140……小於3.142……」的數值（➡P64）。另外，計算拋物線和直線圍成的面積，成為積分學（➡P204）的起源。還發現圓柱體積與表面積的計算公式，定義阿基米德螺線（➡P114）。

在第二次布匿戰爭時，敘拉古被攻陷，羅馬士兵闖入阿基米德家中。但是阿基米德仍埋頭做自己的研究不理會士兵，便被生氣的士兵殺死了。

阿基米德是最傑出的數學家之一，數學界最高榮譽費爾茲獎（➡P214）的獎牌上就刻著阿基米德的頭像。

第 **2** 章

一點就通！
數學的概念

多面體、拋物線、螺線和黃金比例等，
生活中常見的物體也暗藏著數學祕密。
一邊了解數學公式
同時認識身邊的立體與曲線概念吧。

31 [圖形] 「柏拉圖立體」是什麼立體圖？

各面都是相同形狀的多邊體。
只有**5種**的神祕圖形！

圖形中有名為**「柏拉圖立體」**的圖形。這是什麼呢？先來認識立體的種類吧。相較於三角形或正方形等**「平面圖形」**，擁有「長、寬、高」的三次元圖形稱作**「空間圖形」**。空間圖形當中，**由複數平面或曲面圍成的圖形名為「立體」**。

最為人熟知的立體有長方體、球體、圓錐、四角椎和圓柱體等。**立體當中只由平面圍成的物體名為「多面體」**，各面都是全等（各面重疊起來為同一圖形）的正多邊形構成的凸多面體（沒有凹部或洞的多面體）稱作**「正多面體」**。正多面體有**5種**，分別是**正四面體、立方體（正六面體）、正八面體、正十二面體和正二十面體**〔**右圖**〕。

古希臘學者不斷地研究正多面體。西元前350年左右，對數學涉獵頗深的哲學家**柏拉圖**，感受到5種正多面體的美麗與神祕，提出分別和四大元素（土、空氣、水、火）、宇宙及神息息相關的結論。正多面體也因為這樣又名**「柏拉圖立體」**。順帶一提，西元前300年左右的數學家**歐幾里德**寫下正多面體只有5種的證明。

正多面體只有<u>5</u>種

▶5種正多面體

正四面體

由4個正三角形
組成的多面體。

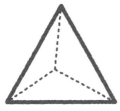

邊數 6　**頂點數** 4

立方體（正六面體）

由6個正方形
組成的多面體。

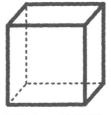

邊數 12　**頂點數** 8

正八面體

由8個正三角形
組成的多面體。

邊數 12　**頂點數** 6

正十二面體

由12個正五邊形組成的多面體。

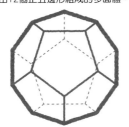

邊數 30　**頂點數** 20

正二十面體

由20個正三角形組成的多面體。

邊數 30　**頂點數** 12

厲害的
數學家！

07

柏拉圖
【西元前427～西元前347】

古希臘的哲學家、數學家。
一般常聽到以他命名的「柏
拉圖式戀愛（精神上的戀
愛）」。提出結合數學知識
與自身哲學的理論。

32

爲什麼足球會是這樣的形狀？

原來如此！ 足球雖是**平面**但一充氣就會**接近球體**，
因為這種形狀**不易變形且便於傳輸力道**！

　　雖然現在流行彩色足球，但不久前還是以黑白色的球最普遍。足球的**黑色部分是**12個**正五邊形**，**白色部分是**20個**正六邊形**，共有32個正多邊形。為什麼要設計成這種形狀呢？

　　在各面都是正多邊形，頂點形狀都相同的多面體中，非正多面體的形狀均稱為「**半正多面體**」。半正多面體有「**截半立方體**」、「**截半二十面體**」、「**扭棱立方體**」等**13種**。是古希臘數學家阿基米德發現的，便命名為「**阿基米德立體**」〔**圖1**〕。

　　足球的形狀屬於半正多面體的其中一種，稱作「**截角二十面體**」。該立體是在**正二十面體**各邊的 $\frac{1}{3}$ 處切除各頂點所形成，便以此為名〔**圖2**〕。

　　正二十面體的頂點數有12個，切除頂後也形成12個正五邊形。正五邊形的頂點有5個，所以截角二十面體的頂點有12×5＝60（個），而且邊數是90。足球做成截角二十面體的原因是，儘管由平面黏貼組合製成，但一充氣就會接近球體，不僅不易變形也能**平均傳導踢球的力道**。

足球是阿基米德立體

▶ 阿基米德立體範例〔圖1〕

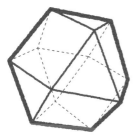

組成面 正三角形8個
正方形6個

截半二十面體

從正十二面體或
正二十面體的各邊中點
切除頂點的立體。

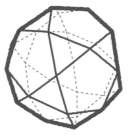

組成面 正三角形20個
正五角形12個

扭棱立方體

扭轉立方體的各面,
並在各面間
放滿正三角形的立體。

組成面 正三角形32個
正方形6個

▶ 由正二十面體做成的足球〔圖2〕

正二十面體

切除
橘色線

截角二十面體

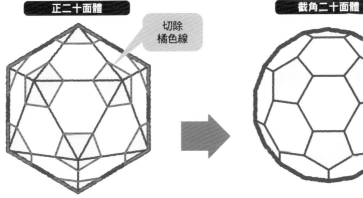

從正二十面體各邊的 $\frac{1}{3}$ 處切除頂點。

切掉的頂點呈正五邊形,做出截角
二十面體。這就是足球的表面。

33 優美的數學定理？

[圖形] 「歐拉多面體公式」

原來如此！ 任何**凸多面體**，只要得知**頂點數、邊數或面數**其中2個，就能找出剩下的1個！

　　人們常用「優美」來形容數學公式。當然標準因人而異，不過**歐拉多面體公式（歐拉多面體定理）**就是著名的最優美公式之一。

　　1751年，瑞士數學家**歐拉**（➡P122）發現這個多面體公式。歐拉多面體公式指的是，任何**凸多面體**（沒有凹部或洞的多面體，而且連接任2個頂點的直線都位於多面體的內部），假設**頂點數是V（Vertex）、邊數是E（Edge）、面數是F（Face），則「V－E＋F＝2」會成立**〔**圖1**〕。

　　以正六面體來舉例，面數是6個正方形，頂點數是8，邊數是12，則「8－12＋6 ＝2」成立〔**圖2**〕。總之，只要是沒有凹部的凸多面體，知道任2個頂點數、邊數或面數，就能透過計算解出另1個。歐拉也證明了**平面多邊形的公式是「V－E＋F＝1」**。

　　順帶一提，像甜甜圈表面般「有洞的多面體」，假設洞數是P個的話（類似P個甜甜圈連在一起的多面體），則**「V－E＋F＝ 2－2p」**的公式成立。

歐拉解開的多面體特性

▶ 歐拉多面體公式〔圖1〕

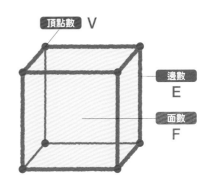

| 頂點數 | 邊數 | 面數 |

$$V - E + F = 2$$

08

瑞士數學家。被譽為18世紀最偉大的數學家。發現許多重要的定理，即便晚年失明也發表了大量論文。

厲害的數學家！

李昂哈德・歐拉

【1707～1783】

▶ 正多面體的頂點、邊、面數〔圖2〕

	頂點數	邊數	面數
正四面體	4	6	4
正六面體	8	12	6
正八面體	6	12	8
正十二面體	20	30	12
正二十面體	12	30	20

正六面體和正八面體、正十二面體和正二十面體，彼此的頂點數和面數互相對應。這種關係名為對偶。

數學測驗〈2〉

用剪貼改變面積？
「神奇的直角三角形」

把直角三角形切成好幾塊，變化排列位置造成面積不同的數學拼圖。

1 如下圖把直角三角形分成Ⓐ Ⓑ Ⓒ Ⓓ 4塊拼圖。

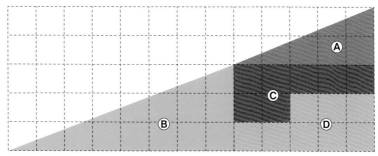

2 移動拼圖位置成下圖中的直角三角形。

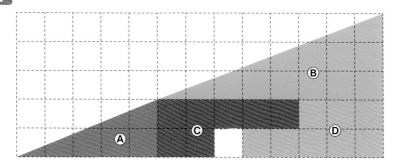

下方圖面出現1個空格。明明直角三角形的底跟高、每塊拼圖大小都沒有改變，為什麼會少掉1格面積呢？

　　1的直角三角形和**2**的直角三角形，雖然形狀看起來一樣，但仔細看其實是有差異的。那就是「**斜邊的斜率**」。

　　Ⓐ的直角三角形，因為「底是5，高是2」，所以斜率是2÷5＝0.4。Ⓑ的三角形「底是8，高是3」，所以斜率是3÷8＝0.375。也就是說，**Ⓐ的直角三角形斜度比較大**。

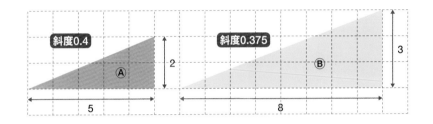

　　把**1**和**2**的直角三角形疊起來看，就會發現**2**的斜邊稍微凸出來。凸出部分的面積，就是下方少掉的那1格。由此得知，**嚴格來講兩個都不是直角三角形，是像直角三角形的四邊形**。

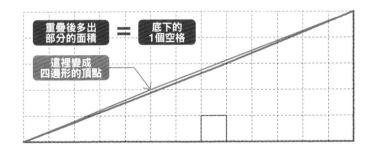

34 「曲線」的種類有哪些？

[圖形]

原來如此! 以阿波羅尼奧斯發現的「**圓錐曲線**」最具代表性。還有「**拋物線**」、「**雙曲線**」、「**橢圓**」、「**圓**」等類型!

「**曲線**」有幾種呢？

最具代表性的是古希臘數學家阿波羅尼奧斯（Apollonius）發現的「**圓錐曲線**」。圓錐曲線是用平面切割圓錐形成的斷面曲線，有「**圓**」、「**橢圓**」、「**拋物線**」、「**雙曲線**」4種〔**圖1**〕。

圓是和圓錐底部平行的平面切割出的曲線。橢圓指的是到2個定點（焦點）間的距離和等於常數的圓形軌跡。不與圓錐底部平行的平面，在不碰到底部的情況下切割出的曲線。

拋物線是用和母線（圓錐等旋轉體的側面線段）平行的平面切割時形成的曲線。**向空中斜拋物體，物體運動的軌跡也是拋物線**，所以噴水池的水噴出的水幕也是由拋物線組成的。生活周遭運用到拋物線的物品有碟型天線或手電筒等。垂直打到拋物線狀的天線或鏡子上的電磁波或光線會集中於一點。可利用該特質集中或發射電磁波和光線〔**圖2**〕。

雙曲線是用垂直於圓錐底部的平面切割出的曲線，特色是開口無限延伸。

拋物線也是「圓錐曲線」之一

▶4種圓錐曲線〔圖1〕

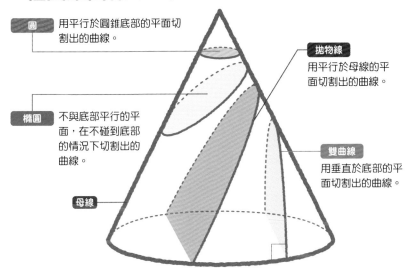

圓 用平行於圓錐底部的平面切割出的曲線。

拋物線 用平行於母線的平面切割出的曲線。

橢圓 不與底部平行的平面，在不碰到底部的情況下切割出的曲線。

雙曲線 用垂直於底部的平面切割出的曲線。

母線

▶碟型天線和拋物線〔圖2〕

以下是拋物線圖形的特色。

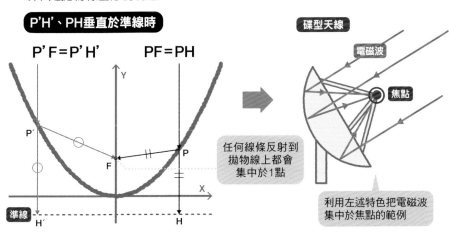

P'H'、PH垂直於準線時

$$P'F = P'H' \qquad PF = PH$$

準線

碟型天線

電磁波

焦點

任何線條反射到拋物線上都會集中於1點

利用左述特色把電磁波集中於焦點的範例

一點就通！數學的概念 **第2章**

35 運用在建築上？
[圖形] 「懸鏈線」是什麼？

原來如此! 抓住**繩子兩端**形成的曲線。
上下顛倒時則形成**力學平衡**！

抓住繩子兩端往上拉時，繩子會往下垂吧？在這種狀態下，**繩子形成的曲線名為「懸鏈線（Catenary）」**。

Catenary是拉丁文**「鏈條」**的意思，由「抓住鏈條兩端產生的曲線」而得名。懸鏈線乍看之下很像**拋物線**，實際上是不同的曲線。曲線兩端的斜度比拋物線還要大〔**圖1**〕。瑞士數學家**白努利（Bernoulli）**和德國數學家**萊布尼茲（Leibniz）**在1961年首度發表懸鏈線的方程式。

懸鏈線任何一點懸掛的重力都相等。上下顛倒呈拱形的話，**受力方向相反**產生平衡，形成穩定性力學〔**圖2**〕。

在山口縣的**「錦帶橋」**，東京都的**「代代木體育館」**屋頂上，可看到**「懸鏈拱結構」**的建築運用實例。西班牙建築師安東尼‧高第以注重懸鏈線而聞名。高第興建的**聖家堂**是用繩索垂掛重物的模型來設計的。自然界中**蜘蛛網**上交織的細線就呈懸鏈線狀。

有別於拋物線的「懸鏈線」

▶ 懸鏈線和拋物線的相異處
〔圖1〕

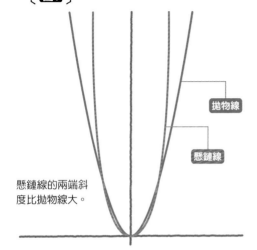

拋物線

懸鏈線

懸鏈線的兩端斜度比拋物線大。

厲害的數學家！ 09

約翰・白努利
【1667～1748】

瑞士數學家。發現了懸鏈線方程式和微分均值定理。他的哥哥雅各布（Jakob）因為發現「白努利數」而為人熟知；另外，兒子丹尼爾（Daniel）則發現了流體力學上的「白努利原理」。

▶ 懸鏈拱結構〔圖2〕

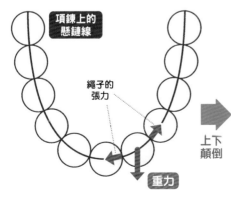

項鍊上的懸鏈線

繩子的張力

重力

繩子的張力支撐著因重力作用往下垂的項鍊。

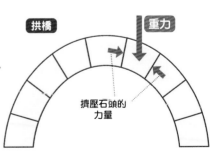

拱橋

重力

擠壓石頭的力量

懸鏈線上下顛倒的話，形成力學平衡的拱形。

上下顛倒

36

[圖形]

物體以最快的速度下降？
「擺線」是什麼？

原來如此！ 球體**只靠重力**滾落時的
最快降落曲線！

　　靜止的球體只靠重力沿著斜坡滑落時，在什麼斜坡的下降速度最快？直線？曲線？圓弧？答案是**「擺線」**。

　　擺線是汽車或腳踏車的車輪之類的圓形**在直線上滾動時，圓周上的1點描繪出的曲線**〔**圖1**〕。這條曲線上下顛倒的話，就是所有斜坡上的某一點以最快速度滑落到其他點的**「最速降線」**〔**圖2**〕。

　　伽利略在1638年認定最速降線是圓弧，這是錯的。1696年，**約翰・白努利**對當時的數學家們提出這道尚未解決的最速降線問題，結果有4個人求出正解。其中一人是**艾薩克・牛頓（Isaac Newton）**，據說他當時花了一整晚算這道題目。另外，荷蘭的數學家**惠更斯（Huygens）**發現，把球放在擺線坡道上的任一點，不看摩擦力只憑重力滾落時，**到達最低點的時間都一樣**。這條曲線名為**「等時降線（等時降落曲線）」**。換句話說，最速降線也是等時降線。

最速降線和等時降線

▶ 擺線〔圖1〕

腳踏車車輪上的1點畫出的曲線，
名為擺線。

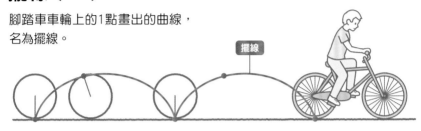

擺線

車輪轉1圈畫出的擺線長度 ➡ 車輪直徑的4倍

▶ 最速降線也是等時降線〔圖2〕

最速降線

比起直線或圓弧等其他所
有斜坡，從上下顛倒的擺
線路徑滑下的球最快到達
終點。

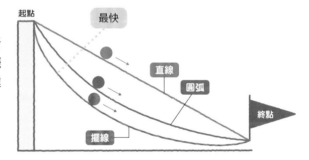

起點

最快

直線

圓弧

終點

擺線

等時降線

無論球在擺線上的任何一
點離開，到達終點的時間
都相同。

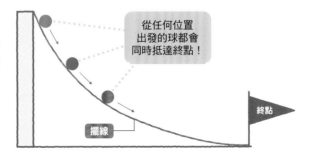

從任何位置
出發的球都會
同時抵達終點！

終點

擺線

一點就通！數學的概念 **第2章**

37

[圖形]

最符合人體工學的
高速公路彎道是什麼曲線？

原來如此! 馬路或雲霄飛車的彎道
是慢慢增加曲率的**羊角螺線**！

　　有沒有覺得開車經過高速公路彎道時不太需要快速轉動方向盤？這是因為高速公路的彎道是設計成從直線道靠近入口處近乎直線，越前進曲率越大的曲線。這個曲線名為**「羊角螺線」**。

　　正確地說，**當汽車以一定的速度前進，用固定的速度轉動方向盤時形成的汽車軌跡就是羊角螺線**。用固定的速度打回方向盤時也是相同的羊角螺線。等速轉動或打回方向盤是很自然的動作，不會增加身體的負擔，相當安全。

　　如果，高速公路的彎道入口是**圓弧**（圓周的一部份）會怎樣呢？司機必須一進入彎道就同時迅速打回方向盤，相當危險〔**圖1**〕。

　　羊角螺線也用於**雲霄飛車的垂直彎道**上。1895年全球第一座採用垂直彎道的雲霄飛車在美國登場，可是因為軌道做成圓形，乘客頸椎受傷的意外層出不窮〔**圖2**〕。而「羊角螺線」則是符合人體工學的曲線。

人體工學「羊角螺線」

▶ 比較羊角螺線和圓弧〔圖1〕

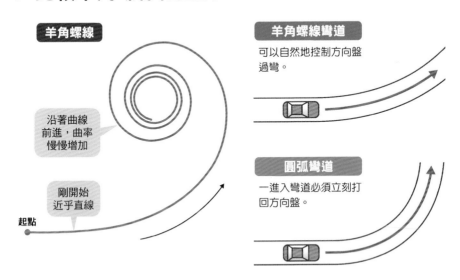

羊角螺線

沿著曲線前進，曲率慢慢增加

剛開始近乎直線

起點

羊角螺線彎道

可以自然地控制方向盤過彎。

圓弧彎道

一進入彎道必須立刻打回方向盤。

▶ 雲霄飛車的垂直彎道〔圖2〕

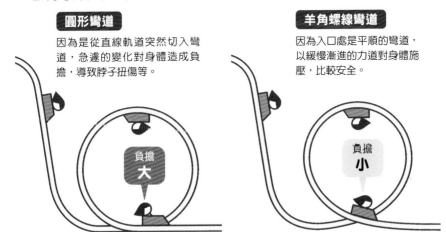

圓形彎道

因為是從直線軌道突然切入彎道，急遽的變化對身體造成負擔，導致脖子扭傷等。

負擔
大

羊角螺線彎道

因為入口處是平順的彎道，以緩慢漸進的力道對身體施壓，比較安全。

負擔
小

一點就通！數學的概念 **第2章**

旅人算

旅人算是關於速度的問題。有追趕先出發的人，看多久能追上，與面對面相向出發，何時能相遇等題型。順帶一提，聽說在江戶時代有不少人1天能走12里（約48km）。

問 有1位旅人1天能走9里，他從江戶出發前往京都，10天後1位1天能走12里的郵差開始追他。請問幾天後會追上？

POINT

● 郵差追趕時，旅人也在前進！

● 計算郵差1天可以追幾里！

● 用2人原本相差的距離除以追趕1天的距離！

解答

1天能走9里的旅人，10天可前進90里。如果旅人停在這裡的話，郵差花90里÷12里＝7.5天就能追上。但是，旅人繼續前進沒有停下來。

9里×10天＝90里

計算「郵差1天能追幾里」：

12里 － 9里 ＝ 3里

12里

9里

90里

如上圖所示，2人原先差距90里除以1天能縮短的距離（3里），就能算出幾天可以追上。

90里 ÷ 3里 ＝ 30天

答 30天

其他解答

如果是相向問題，算出「2人在1天內拉近的距離」，再除2人間的距離。旅人和郵差的距離是84里，旅人1天走9里，郵差1天走12里的話，答案是「84÷（9+12）＝ 4（天）」。

38 [圖形] 優美的「黃金比例」是什麼比例？

原來如此！

「1：1.618」的比例就是黃金比例。
可畫出**黃金矩形、黃金螺線**等圖！

常聽到**「黃金比例」**一詞，這究竟是什麼比例呢？黃金比例被譽為**人們覺得最美的比例**，自古以來經常用在西洋的美術作品或建築上，如「米羅的維納斯」、「帕德嫩神殿」等〔**圖1**〕。

黃金比例的正確數值是「1：（1+$\sqrt{5}$）÷2」。小數點以下是無限不循環的無理數（➡P28），有時會寫成「**φ（phi）**」的符號。近似值是「1：1.618」或「5：8」。歐幾里德在《幾何原本》中使用**「中末比」**一詞，將黃金比例定義為「當1條線被分成2條長度不同的線段時，如果全長與長線段之比等於長線段與短線段之比，則該線呈黃金比例分割」。

長寬比為黃金比例的矩形名為「黃金矩形」。用尺規作圖就能輕鬆地畫出黃金矩形〔**圖2**〕。從黃金矩形分割出最大的正方形，仍會形成黃金矩形。這稱為**「永遠相似的圖形」**，這時畫圓弧連接各正方形的對角，即為**「黃金螺線」**。黃金比例能像這樣畫出優美的曲線。

黃金比例的美麗祕密

▶ 展現在美術或建築上的黃金比例〔圖1〕

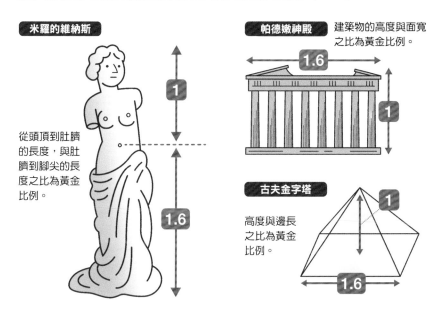

米羅的維納斯

從頭頂到肚臍的長度，與肚臍到腳尖的長度之比為黃金比例。

1

1.6

帕德嫩神殿

建築物的高度與面寬之比為黃金比例。

1.6

1

古夫金字塔

高度與邊長之比為黃金比例。

1

1.6

▶ 繪製黃金矩形與黃金螺線〔圖2〕

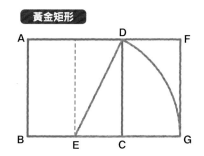

黃金矩形

A　　　　D　　F

B　　E　C　　G

在正方形ABCD上畫出BC的中點E，以ED為半徑畫弧。BC的延伸線與圓弧相交於G點，連接ABGF形成的長方形為黃金矩形。

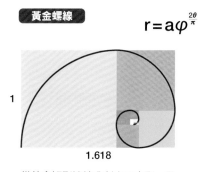

黃金螺線

$$r = a\varphi^{\frac{2\theta}{\pi}}$$

1

1.618

從黃金矩形連續分割出正方形，用圓弧連接正方形的對角，即是黃金螺線。

39 隱藏在日本美術中的「白銀比例」是什麼？

[圖形]

原來如此！ 出現在**美術**、**動畫人物**或**影印紙**上，日本人常用的$1:\sqrt{2}$比例！

相較於西方美術的黃金比例（➡P98），日本美術界則使用名為**「白銀比例」**的分割法。**「法隆寺五重塔」**或菱川師宣的＜**回眸美人圖**＞等都藏有白銀比例，又稱**「大和比例」**〔**圖1**〕。哆啦A夢或麵包超人等動畫主角的身高和體寬比也是白銀比例。

白銀比例的正確數值是**「$1:\sqrt{2}$」**。近似值為「1：1.414」或是「5：7」。和黃金矩形一樣，也有使用**白銀比例畫成的「白銀矩形」**，可用尺規繪製〔**圖2**〕。

白銀矩形的特色是，對折時會出現和原始白銀矩形相似的形狀（就算縮放比有異形狀也相同）。也就是**無論對折幾次，都是白銀矩形**。運用此特質的有**A系列與B系列的筆記本和影印紙**〔**圖3**〕。A系列、B系列都是白銀比例，有A0～A8、B0～B8等尺寸，從最大尺寸A0、B0開始都不會造成裁紙上的浪費。因此便於縮放影印比例。

另外，A3和B3、A4和B4等後面數字相同的影印紙，指的是**A系列的對角線設計得和B系列的長邊等長**。

白銀比例的美麗祕密

▶展現在日本建築或藝術上的白銀比例〔圖1〕

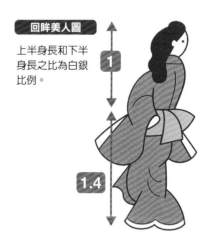

法隆寺五重塔

最上層屋頂和
最下層屋頂的
長度比為白銀
比例。

1

1.4

回眸美人圖

上半身長和下半
身長之比為白銀
比例。

1

1.4

▶繪製白銀矩形〔圖2〕

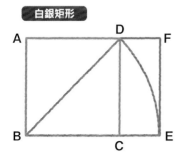

白銀矩形

在正方形 ABCD 上，以
BD 為半徑畫弧。BC 的
延長線和圓弧相交於 E，
連接 ABEF 形成的長方
形為白銀矩形。

▶A系列、B系列紙〔圖3〕

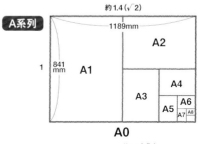

A系列

約 1.4（√2）
1189mm
A2
1 841mm A1
A3
A4
A5 A6
A7 A8
A0

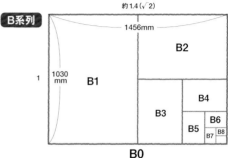

B系列

約 1.4（√2）
1456mm
B2
1 1030mm B1
B3
B4
B5 B6
B7 B8
B0

一點就通！數學的概念 **第2章**

數學
測驗
〈3〉

如何把野狼、山羊和高麗菜送到對岸？

名為「過河問題」的傳統數學題目。據說是8世紀的英國神學家阿爾昆所設計。

1 有1個拿著高麗菜的人帶著大野狼與山羊要過河。河上停有1艘船。

2 只有人會划船，一次只能載大野狼、山羊或高麗菜其中一個過河。留下大野狼的話，大野狼會吃掉山羊。留下山羊的話，山羊會吃掉高麗菜。該怎麼安排才能平安地把大家都載到對岸？

沒人在的話……

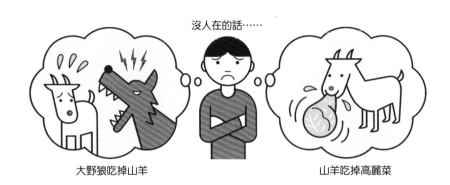

大野狼吃掉山羊　　　　　　　　　　　　　山羊吃掉高麗菜

先來思考過河時的限制條件吧。那就是「**留下大野狼和山羊**」和「**留下山羊和高麗菜**」。題目沒有禁止「載回送到對岸的物品」。**假設「沒有禁止的事」，從邏輯上做思考**，是這題的解題技巧。

　　答案是避開限制條件，**先把山羊送到對岸，再把大野狼載到對岸，回程時帶回山羊即可。**

| **1** 把山羊載到對岸後返回。 | **2** 把大野狼載到對岸後，帶著山羊返回。 | **3** 把高麗菜帶到對岸。 | **4** 把山羊帶到對岸後結束。 |

　　這題就算將大野狼和高麗菜的順序對調，也能平安地把大家都送到對岸。

40 神祕的數字列？
[數字] 「費氏數列」是什麼？

原來如此! 前兩項相加等於下一項的數列，
可以看出和黃金比例的密切關係！

「數列」是按照某種規律排成的數字列。數列中每一個數字名為「**項**」、由第1項（**首項**）起連續加上常數（**公差**）形成的數列叫「**等差數列**」，由首項連續乘以常數（**公比**）形成的數列叫「**等比數列**」。舉例來說，「1234」的數列，每個數字是「項」，1是「首項」，這個數列是連續加1的「等差級數」。由首項1連續乘以2的「1248」就是「等比數列」。

既不是等差數列也不是等比數列的數列中，以「**費氏數列**」最有名。費氏數列是「1、2、2、3、5、8、13、21、34、55、89……」依此排列的數列，是義大利數學家費波那契（Fibonacci）提出，研究「兔子繁殖的問題」〔**圖1**〕。費氏數列的排列規則是除了首2項外，**前2項相加等於下1項**，該數字名為「費波那契數」。

費氏數列擁有奇妙的魔力，眾所皆知植物的枝葉花瓣數量都隱藏著費氏數列〔**圖2**〕。另外，隨著數列各項的遞增，**相鄰2項之比趨近於黃金比例數值1.618**。因此費氏數列被視為神奇數字。

費氏數列裡的自然規則

▶ 兔子繁殖問題〔圖1〕

剛開始是1對小兔子。小兔子在第1個月長成大兔子，自第2個月起開始生下小兔子。每個月每對兔子的數字是「1、1、2、3、5、8……」，形成費氏數列。

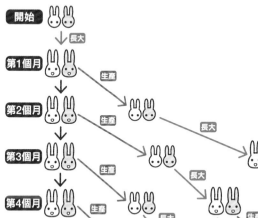

開始

↓長大

第1個月　生產

第2個月　生產　長大

第3個月　生產　長大　生產

第4個月　生產　長大　生產　長大　生產　長大

第5個月

▶ 分枝數與費氏數列〔圖2〕

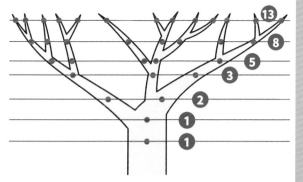

13
8
5
3
2
1
1

幾乎所有樹木都依費氏數列來增生枝椏。

厲害的數學家！　⑩

李奧納多・費波那契

【1170年左右～1250年左右】

義大利數學家。暱稱為費波那契，著有《計算之書》，把阿拉伯數字及進位法帶入歐洲。

※本名是比薩的李奧納多（Leonardo da Pisa）。

一點就通！數學的概念　第2章

41 「亞里斯多德之輪的悖論」是什麼？

[圖形]

原來如此! 同心圓的周長應該不一樣，
看起來卻等長的悖論！

「所有圓周長都等長」。應該不是這樣吧？不過有能證明此事的悖論。即是自西元前就為人熟知的**「亞里斯多德之輪的悖論」**。該問題敘述如下。

有2個直徑不同的車輪（圓），把大車輪A和小車輪B固定成同心圓（2個以上共用圓心的圓）。當車輪在地面滾動1圈時，車輪A底下一點移動的長度等於車輪A的周長。車輪B被固定在車輪A上，所以**車輪B和車輪A同時滾動。這時車輪B底下一點移動的長度看起來和車輪A一樣**〔**圖1**〕。但是車輪A和車輪B的周長應該不同，兩者互相矛盾。這是怎麼一回事？

該悖論的解釋方法有好幾種，只要留意車輪A底下一點的軌跡**不是直線而是以擺線**（➡P92）前進，就能得到解釋。車輪B底下一點的軌跡是圓內部（或外部）畫出的平緩曲線**（次擺線）**。2條曲線相比，一眼就能看出車輪A的軌跡比車輪B長〔**圖2**〕。

解開悖論之謎

▶亞里斯多德之輪的悖論〔圖1〕

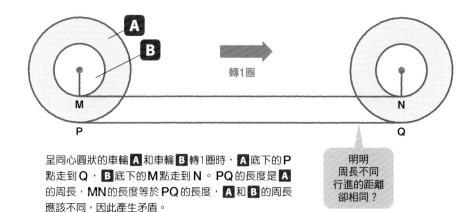

轉1圈

明明
周長不同
行進的距離
卻相同？

呈同心圓狀的車輪 **A** 和車輪 **B** 轉1圈時，**A** 底下的 P 點走到 Q，**B** 底下的 M 點走到 N。PQ 的長度是 **A** 的周長，MN 的長度等於 PQ 的長度，**A** 和 **B** 的周長應該不同，因此產生矛盾。

▶悖論解法〔圖2〕

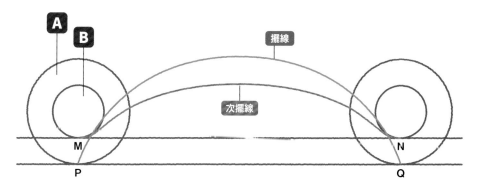

擺線

次擺線

**P和M畫出的軌跡是相異圓弧，
2條圓弧的長度等於各自的周長！**

42
[圖形]

如何測量船的行駛路線？

原來如此! 15世紀的地理大發現時代使用「**恆向線航法**」，現在則用「**大圈航路**」來測量航線！

要怎麼測量船的行駛路線呢？在GPS發達的現代當然沒問題，如果是15世紀左右的**地理大發現時代**，如何讓船航行到目的地？

當時能進行長途航程，是因為葡萄牙數學家**努內斯（Nunes）**在1537年發現了「**恆向線（等角航線）**」。恆向線是**行駛時和地球上的經線（通過地球兩極的南北線）相交成固定角度的航線**。將**羅盤**指向目的地的話，維持固定角度前進即可。

如果從東京橫越太平洋前往舊金山，因為兩座城市幾乎位於相同緯度上，固定方向往東航行就能抵達〔**圖1**〕。在經線和緯線（平行赤道的東西線）直角相交的**「麥卡托投影法」**地圖上，恆向線呈直線。但其實恆向線是條曲線，並不是連接地球上兩點之間的最短距離。因此現在飛機的長程航班或船舶航線，為了節省燃料與時間，不採用恆向線改走**大圈航路**〔**圖2**〕。大圈航路是連接地球上兩點之間的最短路徑，必須利用GPS等確認目前位置是否正確，**隨時調整前進的方向**。

恆向線與大圈航路的比較

▶從東京到舊金山的航線〔圖1〕

根據麥卡托投影法，雖然可用直線表示恆向線，曲線表示大圈航線，但其實大圈航線才是最短路徑。

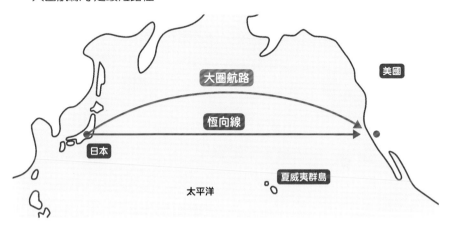

大圈航路

恆向線

美國

日本

夏威夷群島

太平洋

▶在地球上看到的恆向線與大圈航路〔圖2〕

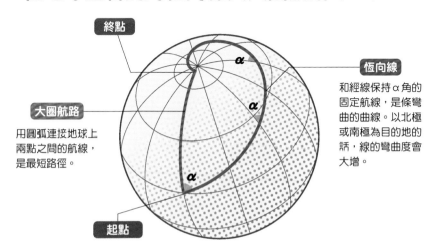

終點

α

α

恆向線

和經線保持 α 角的固定航線，是條彎曲的曲線。以北極或南極為目的地的話，線的彎曲度會大增。

大圈航路

用圓弧連接地球上兩點之間的航線，是最短路徑。

α

起點

一點就通！數學的概念 **第2章**

數學測驗〈4〉

可用邏輯思考的「來回平均時速」問題

明明算法很簡單，卻有很多人做錯的題目。
透過邏輯思考，就能求出正解。

1 太郎從家裡開車前往A市。車速是時速40km。

2 太郎到A市後，再開車回家。車速是60km。

3 太郎用不同的速度往返A市。請問太郎的平均車速是幾km？

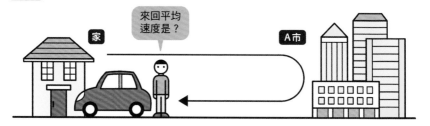

　　如果去程時速是40km，回程時速是60km，**來回的話就相加除以2，所以平均時速是50km**，很多人會這麼回答吧？但是這個答案不對。為什麼呢？

　　這個題目**沒有寫出「距離」或「時間」**。速度是距離除以時間算出的結果。「平均時速50km」要成立，距離或時間也必須固定。因為家裡到A市的距離不變，假設是120km吧。

去程時間

120 km ÷ 時速 40 km ＝ 3 小時

回程時間

120 km ÷ 時速 60 km ＝ 2 小時

　　也就是說來回的距離是120km×2 ＝240km，總花費時間是3小時＋2小時＝5小時。這時就能求出**平均速度是240km÷5小時＝時速48km**。

　　正確答案就是時速48km。

　　就算把家裡到A市的距離假設為150km，去程3.75小時，回程2.5小時，來回300km÷（3.75＋2.5）小時＝時速48km，也能求出正解。

43 爲什麼螺貝的外殼呈螺旋狀？

[圖形]

原來如此! 成長時為了不改變整體形狀，又能**發揮最大效率**，於是變成**對數螺線**的形狀！

「**螺旋**」是層層繞圈的形狀。在大自然也看得到螺旋形狀，如螺貝、山羊角等，帶有什麼數學含意嗎？

螺旋種類眾多，**在自然界最常見的是名為「對數螺線」的螺旋**，對數螺線又稱**「等角螺線」，從中心點延伸出的直線和各螺線相交的角度永遠相等**〔**圖1**〕。**數學家雅各布白努利**對此頗有研究，又叫「**白努利螺線**」。對數螺線具**「自我相似」**性，無論放大、縮小多少倍，轉動後又回到原始的螺旋狀。

鸚鵡螺等螺貝類的貝殼就呈對數螺線狀。這是因為當螺貝成長時，貝殼會跟著變大，**等比例放大的話，就能維持整體形狀有效率地成長**。如果生長時角度有異，會導致殼內產生空隙、改變整體形狀等。在哺乳類的角、植物藤蔓線條、熱帶低氣壓或銀河漩渦上也會出現對數螺線，眾所皆知鷹隼也是以對數螺線的繞行方式飛向獵物〔**圖2**〕。

順帶一提，雖然對數螺線很像**黃金螺線**（➡P98），卻是不同種類的螺線，表示螺線的方程式也不一樣。

現身自然界的神祕<u>螺旋</u>

▶ 對數螺線〔圖1〕

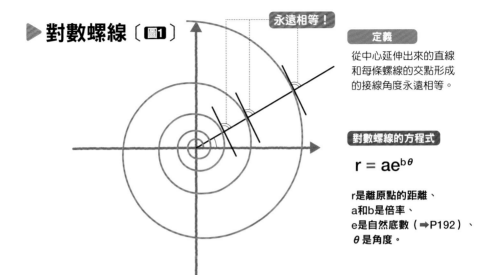

永遠相等！

定義

從中心延伸出來的直線
和每條螺線的交點形成
的接線角度永遠相等。

對數螺線的方程式

$$r = ae^{b\theta}$$

r是離原點的距離、
a和b是倍率、
e是自然底數（➡P192）、
θ是角度。

▶ 自然界常見的對數螺線〔圖2〕

對數螺線就算放大縮小也不會改變整體的形狀，在自然萬物上都觀察得到。

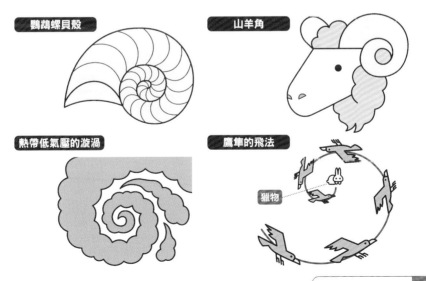

鸚鵡螺貝殼

山羊角

熱帶低氣壓的漩渦

鷹隼的飛法

獵物

一點就通！數學的概念 **第2章**

44 螺線有幾種？

[圖形]

可用**代數方程式**表示的「**代數螺線**」中，
有「**阿基米德螺線**」等各種螺線！

除了「對數螺線」外，還有各種螺線，都能寫成各項公式。最具
代表性的螺線是，西元前225年阿基米德提出的「**阿基米德螺線**」。
形狀像「蚊香」，每條線的間距相等，可寫成「**$r=a\theta$**」。r表示離
原點的距離，a表示倍率（常數），θ表示角度。

越往外（θ變大），各線間距越窄的螺線名為「**拋物螺線**」、可
寫成「**$r=a\sqrt{\theta}$**」。2條拋物螺線在原點無縫相接的名為「**費馬螺
線**」。這是17世紀數學家**費馬（Fermat）**所定義的螺線，可寫成
「**$r^2=a^2\theta$**」。用「**$r\theta=a$**」來表示的螺線是「**雙曲螺線**」，這個螺
線一邊畫大弧一邊慢慢地縮小各線間距，在原點附近增加曲線密度。
「**連鎖螺線**」是θ越大越靠近原點的螺線，可寫成「**$r\sqrt{\theta}=a$**」。

這些螺線可用**代數式**（用「＋、－、×、÷、$\sqrt{\ }$」5個運算符號
把可數數字或文字組合起來的式子）來表示，通稱「**代數螺線**」。因
此式子中包含自然底數（➡P192）的對數螺線，不屬於代數螺線。

「代數螺線」的種類

▶ 具代表性的代數螺線

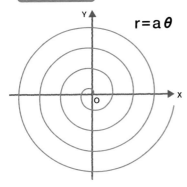

阿基米德螺線

$r = a\theta$

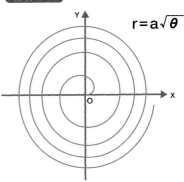

拋物螺線

$r = a\sqrt{\theta}$

費馬螺線

$r^2 = a^2\theta$

厲害的
數學家！

**皮埃爾·
德·費馬**
【1607～1665】

法國數學家。職業
是法官，在工作之
餘研究數學。其以
「費馬最後定理」
（➡P208）最為人
所知。

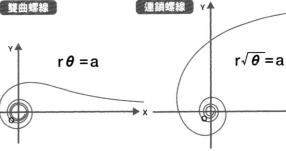

雙曲螺線

$r\theta = a$

連鎖螺線

$r\sqrt{\theta} = a$

一點就通！數學的概念 **第2章**

45

在箱子內裝進最多顆球的方法是什麼？

原來如此！

連續堆成六邊形會形成最大密度！
耗時數百年的**數學證明**！

　　要把大小相同的球裝進大箱子時，該怎麼裝才能放進最多顆球？

　　把球隨意投入箱子內的話，經過實驗證明箱子內的球密度**大約是65%**。增加球密度的方法是**把第1層的球排成六邊形**。再把球放在第一層球與球之間的凹洞上排成第2層，第3層後依此類推，就會形成**最大密度**。根據第3層以後的排法，可分成「**六方最密堆積**」和「**面心立方堆積**」2種，兩者密度都是**π／√18（約74%）**〔**右圖**〕。

　　1611年德國數學家**刻卜勒（Kepler）**主張「沒有任何裝球方式的密度比六方最密堆積、面心立方堆積還高」。但是要證明**「刻卜勒的猜想」**相當困難，成為待解決的問題。雖然1998年美國數學家**托馬斯・黑爾斯（Thomas Hales）**利用電腦幾乎證明了刻卜勒的猜想，但因為無法確定所有的電腦運算都正確，數學界便視為**「99%正確」**。而之後黑爾斯也再次利用特殊軟體挑戰剩餘1%的證明，並在2014年得到**完全的證明**。

密度最高的球體裝填方式

▶ 六方最密堆積和面心立方堆積

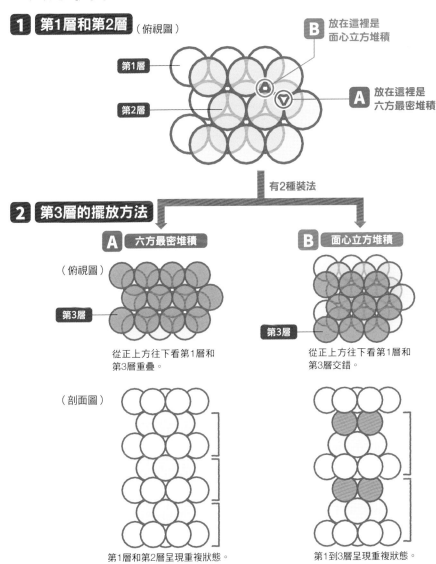

1 第1層和第2層（俯視圖）

第1層
第2層

B 放在這裡是
面心立方堆積

A 放在這裡是
六方最密堆積

有2種裝法

2 第3層的擺放方法

A 六方最密堆積

（俯視圖）

第3層

從正上方往下看第1層和
第3層重疊。

（剖面圖）

第1層和第2層呈現重複狀態。

B 面心立方堆積

第3層

從正上方往下看第1層和
第3層交錯。

第1到3層呈現重複狀態。

一點就通！數學的概念 **第2章**

46 「集合」表現了什麼？
[數字] 文氏圖的含意和解讀法

原來如此！ 文氏圖是用來表示「**集合**」概念的圖表。
以**視覺化**呈現，簡單明瞭！

用來表示「A加上B」、「A或B」的圖形稱作「**文氏圖**」。這在數學上代表什麼呢？

首先，在某種條件下，**可以明確劃分成不同群組的「元素」群體**，稱之為「**集合**」。舉例來說，「1～10內2的倍數」的集合元素是「2、4、6、8、10」。

此外，假設「1～10內2的倍數」為A，「1～10內3的倍數」為B，「6」是同時屬於A和B的「**共同部分**」寫成「**A∩B**」。滿足A和B任一方的6以外的數字稱作「**聯集**」，寫成「**A∪B**」。在A或B上方加一橫（一）有否定意思，表示「不屬於A」、「不屬於B」。

在有名的集合論「**德摩根定律**」中，有「$\overline{A \cup B} = \overline{A} \cap \overline{B}$、$\overline{A \cap B} = \overline{A} \cup \overline{B}$」的理論可以成立。有助於理解「德摩根定律」的「**文氏圖**」，就是將集合的關係以圖表方式呈現〔**圖1**〕。文氏圖也有助於理解**二進位（➡P30）計算（布林代數）**。在二進位中，因為無法使用「加減乘除」，便用「**邏輯合取**」、「**邏輯析取**」、「**否定**」這三種進行基礎計算〔**圖2**〕。布林代數是構成電腦數位電路基礎理論。

能理解集合的文氏圖

▶ 用文氏圖表示「德摩根定律」〔〕

透過文氏圖可輕鬆了解「德摩根定律」。

$$\overline{A \cup B} = \overline{A} \cap \overline{B}$$

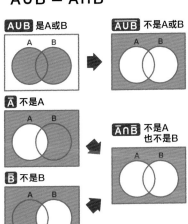

$$\overline{A \cap B} = \overline{A} \cup \overline{B}$$

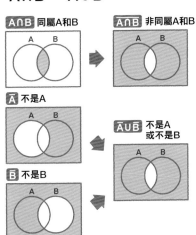

▶ 用文氏圖表示「布林代數」〔圖2〕

邏輯合取	邏輯析取	否定
只在2個數字皆為「1」時，才會是「1」。	2個數字的其中一方為「1」時，就會是「1」。	可表示出和邏輯合取、邏輯析取相反的部分。

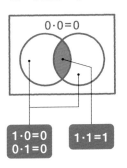

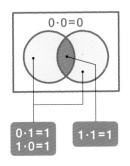

非邏輯合取

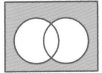

非邏輯析取

一點就通！數學的概念 第2章

俵杉算

江戶時代把米裝進稻草捲中保存。把米袋堆成金字塔的形狀很像杉木，故稱「杉形」，計算杉形米袋共有幾袋的方法稱做「俵杉算」。在用米納稅的江戶時代，是必須學會的計算方式。

問 現有堆成三角形的米袋。
最底下排成13袋，最上面排成1袋。
總共有幾袋？

今年大豐收！

POINT

● 試著排出2個上下顛倒的米袋三角形！

● 試想下方倒數第2排有幾袋！

● 試想堆疊成幾排！

解答 排出2個上下顛倒的米袋三角形，形成底邊14袋，高度13袋的平行四邊形。求出平行四邊形的面積，就能算出米袋數量。

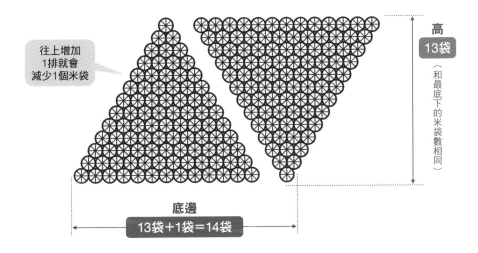

往上增加1排就會減少1個米袋

高
13袋
（和最底下的米袋數相同）

底邊
13袋＋1袋＝14袋

米袋數是14（袋）×13（袋）＝182（袋）

再分成2等分就能求出正解。

182（袋）÷2＝91（袋）

答 91袋

其他問題&解答

當堆成第1排有5袋的梯形時，就假設為底邊是13袋＋5袋＝18袋，高是13袋－4袋＝9袋的平行四邊形。因此，答案是18袋×9袋÷2＝81袋。

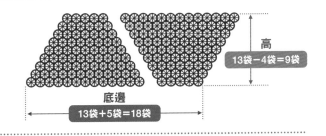

高
13袋－4袋＝9袋

底邊
13袋＋5袋＝18袋

寫了5萬頁的論文?! 終極數學阿宅

李昂哈德・歐拉

（1707 - 1783）

　　歐拉被譽為18世紀最偉大的數學家。出生於瑞士巴賽爾，跟著發現懸鏈線的約翰・白努利（Johann Bernoulli）學數學，能力頗受肯定。20歲時，當上俄羅斯聖彼得堡科學院的教授，但在28歲因重病加上用眼過度，導致右眼失明。

　　歐拉34歲時移居德國，過了25年再度回到聖彼得堡。64歲時僅剩的左眼也失明，但依然對研究充滿熱情，他說「不能分心」，以驚人的記性口述留下許多優秀論文，據說直到76歲過世那天還在算數學。歐拉留下的論文和著作高達560篇，堪稱「人類史上論文最多產的數學家」，對後世的影響相當深遠。

　　1911年出版的《歐拉全集》超過70卷，總頁數高於5萬頁。

　　歐拉研究「自然底數」（➡P192），除了發現「歐拉多面體公式」、「歐拉恆等式」（➡P212）外，也提出質數相關公式等，在數學各領域留下優秀成果，貢獻卓越不負「終極數學阿宅」之名。

$$v + f - e = 2$$

第3章

異想天開！

神奇的
數學世界

在無限大、機率或三角函數中，
藏有深奧的數學世界。若能踏入
這個神奇世界，或許會改變對世界的觀點。
一邊感受深奧之中的樂趣，來看看本章的內容吧！

47

只用正方形就能分解圖形的「完美的正方形分割」是什麼？

原來如此！

用大小不一的正方形，
分割正方形或長方形的方法！

　　有一種「用正方形分割長方形的數學拼圖」。用尺寸完全不同的正方形全數鋪滿邊長是整數的長方形，名為**「完美的正方形分割」**。

　　最先發現的人是波蘭數學家**Zbigniew Moron**，他在1925年把32×33的長方形切割成9個正方形〔**右圖**上〕。這是可用完美正方形分割的最小的長方形。Moron後來還發現用10個正方形分割65×47的長方形之完美正方形分割。

　　另外，用正方形分割正方形雖然簡單，但是要用大小完全不同的正方形分割正方形卻比長方形還難。多年以來，數學家們認為做不到正方形的完美正方形分割，不過，1940年**美國三一學院的4位大學生**發現，可切割成69個正方形的完美正方形分割。之後，他們把正方形的數量減到39個。1978年荷蘭數學家**Duijvestijn**利用電腦，**找出能把邊長112的正方形分割成21個正方形**的方法〔**右圖**下〕。到目前為止，完美正方形分割的最小階數是21。

▶ 最小長方形、正方形的「完美正方形分割」

長方形 （32×33）

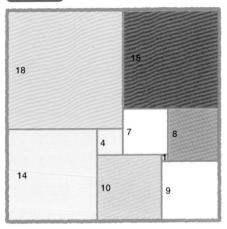

可分割成邊長為「1、4、7、8、9、10、14、15、18」的9個正方形。

正方形 （112×112）

從上方邊長依序往下，可以分割成邊長為「50、35、27、8、19、15、17、11、6、24、29、25、9、2、7、18、16、42、4、37、33」的21個正方形。

48 道路標誌中的「險坡」是什麼意思？

[圖形]

原來如此! 標誌是表示長100m高幾m的**斜坡**。
可用**三角函數**算出斜坡的傾斜角度！

　　道路標誌中有**「險坡」**和「％」的符號。這個「％」是表示什麼的數值呢？

　　這個標誌是表示**前進100m後高度爬升（或降低）幾m的數值**。以坡度10％為例，表示前方100m處比原本的地點高10m〔**圖1**〕。

　　另外，還能用數學上的**「三角函數」**來計算這個標誌的斜坡角度。假設直角三角形的3邊長為a、b、c，左下角的角度（傾斜度）是 θ，就能用 $\sin\theta$ 是 $\frac{b}{a}$，$\cos\theta$ 是 $\frac{c}{a}$，$\tan\theta$ 是 $\frac{b}{c}$ 來計算。研究該三角函數的古希臘天文學家**喜帕恰斯（Hipparchus）**製作了「三角函數表」〔**圖2**〕。可以根據這張表查出三角形的角度。

　　坡度5％表示 $\tan\theta$ 是 $\frac{5}{100}$ ＝0.05，坡度10％表示 $\tan\theta$ 是 $\frac{10}{100}$ ＝0.1。用喜帕恰斯的表格找出最接近該數值的數字，發現最接近tan 0.05的 θ 是3°（tan 0.0524），而最接近tan 0.1的 θ 是6°（tan 0.1051）。由此就能看出**坡度5％的傾斜角度約3°，坡度10％的傾斜角度約6°**。

斜坡坡度和三角函數的關係

▶坡度10%的斜坡〔圖1〕

前方100m處是比原始地點高10m的斜坡。

10%

10m

100m

▶三角函數和「三角函數表」〔圖2〕

三角函數表

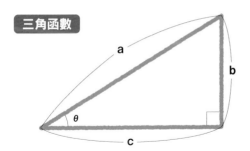

三角函數

θ	$\tan\theta$
1°	0.0175
2°	0.0349
3°	0.0524
4°	0.0699
5°	0.0875
6°	0.1051
7°	0.1228
8°	0.1405
9°	0.1584
10°	0.1763
30°	0.5774
45°	1.0
60°	1.7321

$$\sin\theta = \frac{b}{a} \quad \cos\theta = \frac{c}{a} \quad \tan\theta = \frac{b}{c}$$

➡ 如果知道b和c的長度，就能用「三角函數表」求出 θ 的角度！

例

- $\tan\theta = \dfrac{5}{100} = 0.05$ ➡ 接近tan3°

- $\tan\theta = \dfrac{10}{100} = 0.1$ ➡ 接近tan6°

※tanθ的一部分，小數點後第5位四捨五入計算。

127

異想天開！神奇的數學世界 **第3章**

49

[圖形]

正弦定理？餘弦定理？
這些定理要用來計算什麼？

 正弦定理和餘弦定理是解出
三角形邊長及**內角度數**的重要定理！

可以導出三角形邊長的「正弦定理」和「餘弦定理」，分別是什麼定理呢？

「正弦」指的是三角函數（ → P126）的sin，表示「三角形內角sin值和該內角的對邊長比值相等」、「三角形各邊除以對角sin值等於外接圓半徑的2倍」。

「正弦定理」的公式如〔**圖1**左〕所示，已知三角形的任一邊和兩角，便能求出其他兩邊。**正弦定理可用於三角測量**，並由此推算地球到月球或星球等天體間的距離〔**圖2**〕。

「餘弦」指的是三角函數的cos，假設三角形ABC的對邊為a、b、c，則**「$a^2 = b^2 + c^2 - 2bc\cos\angle A$」**會成立〔**圖1**右〕。已知三角形的兩邊及夾角，利用**「餘弦定理」**就能算出另一邊。比如求出遠方AB兩點間的距離。另外，已知三角形的三邊，透過餘弦定理也能求出三個內角度數。

▶ 正弦定理和餘弦定理〔圖1〕

> 正弦定理

以下等式成立為正弦定理。

> 餘弦定理

以下等式成立為餘弦定理。

$$\frac{a}{\sin A} = \frac{b}{\sin B} = \frac{c}{\sin C} = 2R$$

$$a^2 = b^2 + c^2 - 2bc \cos \angle A$$

$$b^2 = c^2 + a^2 - 2ca \cos \angle B$$

$$c^2 = a^2 + b^2 - 2ab \cos \angle C$$

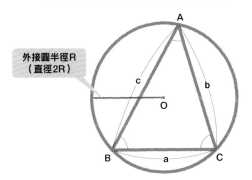

外接圓半徑R
（直徑2R）

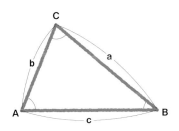

▶ 用正弦定理求出到星球的距離〔圖1〕

已知地球的公轉直徑（a）和∠A及∠C之值，就能算出到星球的距離c。

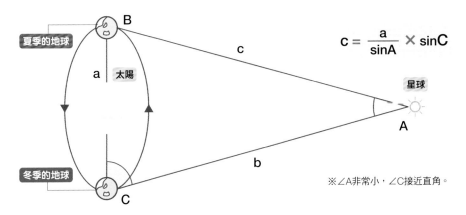

夏季的地球

太陽

$$c = \frac{a}{\sin A} \times \sin C$$

星球

冬季的地球

※∠A非常小，∠C接近直角。

數學測驗〈5〉

第幾頁破掉了？
意外簡單的「總和問題」

在數學奧林匹亞出現過的題目。根據「總和」計算，就算已知訊息少也能答出頁數。

有一本書只破掉一頁。其他沒有破掉的頁數總和是「25001」。請問破掉的是第幾頁？

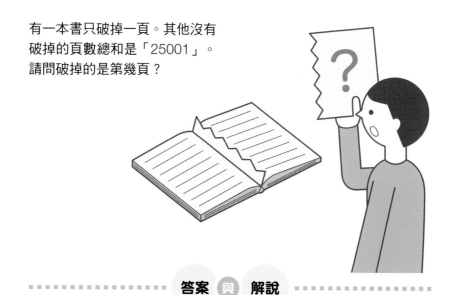

········ **答案 與 解說** ········

　　這一題必須用到將所有數字相加的**「總和計算」**。若以和算來舉例，和**「俵杉算」**（➡P120）的思考方式相同。計算總和的公式如下所示。

$$1+2+3+4+\cdots+N = \frac{1}{2}N(N+1)$$

　　因為只有破掉1頁，有2個正反面的頁數，而且連號。假設頁數為「X」和「X＋1」，總頁數（最後一頁的頁數）為「N」，利用總和計算公式可寫出以下算式。

$$\frac{1}{2}N(N+1)-X-(X+1)=25001$$

整理算式 ➡ $\frac{1}{2}N(N+1)=25001+2X+1$

兩邊乘2 ➡ $N^2+N=50004+4X$

結果 ➡ $N^2=50004+4X$ ➡ 比50004小很多

因為N（總頁數）和4X（破掉頁數的4倍）是比N2（總頁數平方）或50004（約是總和的2倍）小很多的數字，所以可推算**總頁數平方約是50000**。

$N^2\fallingdotseq 50000$
$N\fallingdotseq\sqrt{50000}\fallingdotseq 223.6$

也就是說，這本書的總頁數約是223頁或224頁。

如果N＝223，則 $\frac{1}{2}(223^2+223)=24976$

因為小於25001造成矛盾。

如果N＝224，則 $\frac{1}{2}(224^2+224)=25200$

沒有破掉的頁數總和是25001，破掉的頁數和是2X＋1，因為總頁數相加是25200，所以
25001＋2X＋1＝25200
2X＝25200－25001－1
故X＝99。由此可知，**破掉的頁數是第99頁和第100頁**。

異想天開！神奇的數學世界 **第3章**

50 一筆畫圖形
[圖形] 「歐拉圖」是什麼？

原來如此！ 是**哥德尼斯堡七橋**問題的一筆畫證明。
如果頂點數是偶數，就能完成一筆畫！

18世紀初，歐洲有個名為**哥德尼斯堡**（現在的俄羅斯西部）的小鎮。鎮上有河流貫穿，蓋了7座橋。有一次鎮上居民出了一個問題，**「從任何一個地點出發，有可能每座橋只走1次，走完7座橋再回到起點嗎？」**〔**圖1**〕。

瑞士數學家**歐拉**把**「歌德尼斯堡七橋問題」**用點和線的圖形來表示（圖解化）。**把橋當成「連接各點的線」**。也就是說，如果這個圖形能用**一筆通過同一個起訖點**的方式來完成，就可證明所有的橋只要走一遍就能回到起點。結果，歐拉證實無法一筆畫出橋的圖形，認為該問題無解，**「沒有回到起點的路線」**。

完成一筆畫的重點是**所有點延伸出去的線段為偶數**，而且**只有2點才會出現奇數條線段**。把哥德尼斯堡的七橋畫成圖形來看，就會發現任何一點延伸出去的線段都是奇數，所以無法完成一筆畫。一筆畫圖形有**「歐拉圖（歐拉迴路）」**和「**歐拉路徑**」〔**圖2**〕。

從路徑思考「一筆畫」的條件

▶「歌德尼斯堡的七橋問題」〔圖1〕

可以7座橋都走一遍，再回到起點嗎？

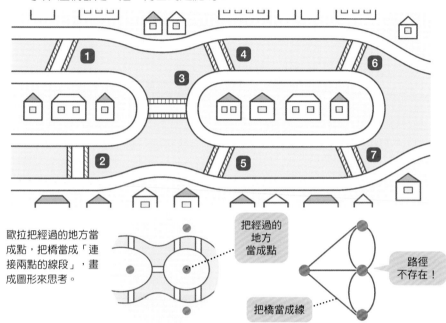

歐拉把經過的地方當成點，把橋當成「連接兩點的線段」，畫成圖形來思考。

把經過的地方當成點

把橋當成線

路徑不存在！

▶可一筆畫完成的圖形〔圖2〕

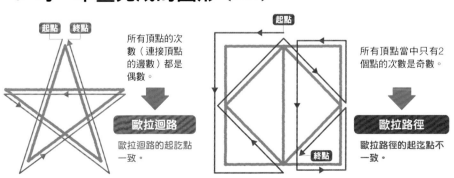

起點　終點

所有頂點的次數（連接頂點的邊數）都是偶數。

歐拉迴路

歐拉迴路的起訖點一致。

起點

終點

所有頂點當中只有2個點的次數是奇數。

歐拉路徑

歐拉路徑的起訖點不一致。

51

用西洋棋走遍棋盤方格，並且每格不重複的方法是什麼？

原來如此! **巡邏路徑**居然超過13兆條！
難以判斷**起訖點一致的迴圈**！

　　數學家**歐拉**分析源自古印度的**「騎士巡邏（Knight's tour）」**益智問題。這是移動西洋棋盤上的騎士（Knight），探討每個方格只經過一次的路徑問題。騎士的移動方法是空一格斜走，所以共有8種走法。

　　代表性解法是，把騎士的移動方式按①～⑧編號，從①開始依序移動。①的走法成功的話繼續走①，失敗的話就換走②，②順利移動的話，再從①開始走。

　　如果是4×4方格的棋盤，則無解。5×5方格的棋盤有128條路，6×6方格的棋盤有320條路〔**圖1**〕。在實際的西洋棋盤**8×8方格上，居然有超過13兆條路的解答**。

　　在騎士的巡邏路徑中，也有起訖點一致的**「迴圈」**。經過圖形上所有頂點和線段各一次的迴圈稱作**「歐拉迴路」**（➡P132），經過圖形上所有頂點各1次的迴圈稱作**「漢米爾頓迴路」**〔**圖2**〕。求解騎士巡邏問題的路徑就是找出漢米爾頓迴路。

134

▶騎士巡邏問題（6×6方格）〔圖1〕

棋子的走法

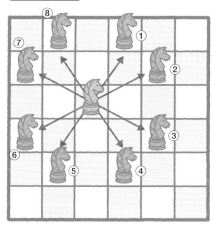

騎士的走法有8種。

解答範例

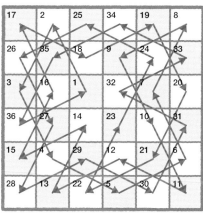

起訖點一致的「迴圈」範例。

▶漢米爾頓迴路〔圖2〕

通過圖上所有頂點各
1次的路徑中，起訖
點一致的路線。

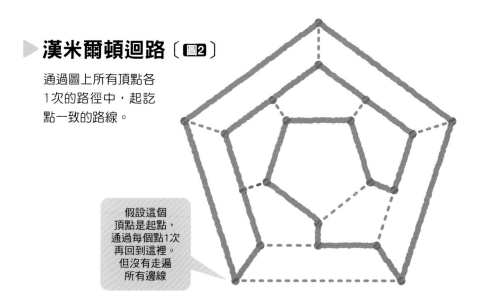

假設這個
頂點是起點，
通過每個點1次
再回到這裡。
但沒有走遍
所有邊線

藥師算

用圍棋排成正方形，拿走棋子僅留下一邊。再把拿走的圍棋沿著剩下的一邊排列，從剩餘數量猜出圍棋總數的題目。因為數字「12」是解題重點，以「藥師如來十二大願」為喻，取名藥師算。

 用圍棋排成的正方形。拿走一邊圍棋，排成數量相同的直列。已知最後一列的圍棋數是5個。請問，共有多少個圍棋？

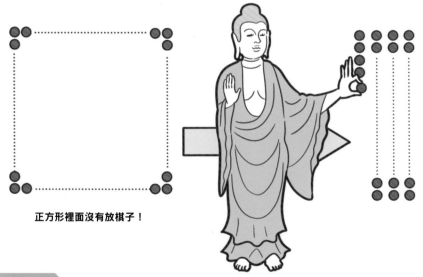

正方形裡面沒有放棋子！

POINT

- 正方形四個角落的圍棋，2邊彼此重疊！
- 最後一排不夠的圍棋數固定不變！
- 把圍棋列分成上下兩段來想！

解答

因為正方形由4邊組成，所以應該能排成4列。但是，正方形四個角落的圍棋2邊彼此重疊。所以第4列一定會少4個棋子。

再把圍棋列分成有尾數的上段和數量不夠的下段來思考吧。可以算出：

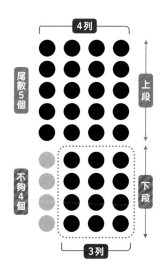

上段是　**5個 × 4列＝20個**

也就是說　**上段個數＝「尾數 × 4」**

下段　**一定是4個×3列＝12個**

因此，圍棋總數是
20個＋12個＝32個

答 32個

其他問題&解答

用圍棋排成正三角形的話，可分成3列圍棋直列，3個頂點的圍棋彼此重疊。
也就是說，可用尾數（個）×3（列）＋3（個）×2（列）來算。當尾數是2時，圍棋總數是6＋6＝12個。

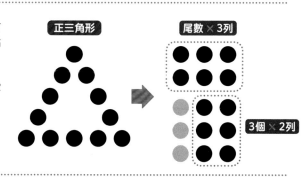

52 不是1>0.9999…，而是1＝0.9999…才對？

[數字]

原來如此! 在**數學上**，0.9999…小數點以下有無限個9循環的「**循環小數**」可當成「1」！

0.9999…**小數點以下有無限個9循環的循環小數**（➡P28），會認為是比1還小的數字吧？然而，在數學上視為**1＝0.9999…**。為什麼呢？

$\frac{1}{3}$ 寫成小數，是0.3333…，小數點以下的3無限循環。2倍，是 $\frac{2}{3}$ ＝0.6666…。3倍的話，應該是 $\frac{3}{3}$ ＝0.9999…，但 $\frac{3}{3}$ ＝1。因此可以說明1＝ 0.9999…〔**圖1**〕。

可是，**也有說明「1＝2」好像正確的解法**。當a＝b時，兩邊乘以a，則a^2＝ab。兩邊再減掉b^2，則2b＝b，導出2＝1的結論。這個闡述說明，用（a－b）當除數時就會發生計算錯誤〔**圖2**〕。**以「0」當除數的算式沒有意義，所以不會出現這個數字。**

另外，使用**∞（無限大）**來計算，「1＋∞＝∞」、「2＋∞＝∞」，因此乍看之下「1＝2」，不過這也是把無限大當成自然數來運算產生的錯誤。還有很多說明「1＝2」看似正確的方法，**但在數學上都是錯的**。

「1＝0.9999…」和「1＝2」的說明

▶ 數學上「1＝0.9999…」正確嗎？〔〕

1 > 0.9999… ➡ 在數學上是錯的？

1 ＝ 0.9999… ➡ 在數學上是對的！

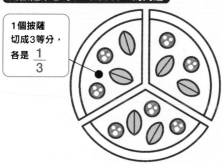

用披薩來思考1＝0.9999…的問題

1個披薩
切成3等分，
各是 $\frac{1}{3}$

因為

$\frac{1}{3}$ ＝ 0.3333…

$\frac{1}{3} + \frac{1}{3} + \frac{1}{3}$ ＝ 0.9999…

所以

0.9999 … ＝ 1

▶ 「1＝2」的闡述說明和錯誤〔〕

闡述說明

● 當a＝b成立時，
兩邊乘以a則a^2＝ab。

● 兩邊減掉b^2，則$a^2 - b^2$＝$ab - b^2$

● $a^2 - b^2$可以因式分解成（a＋b）（a－b），
所以$ab - b^2$可以寫成b（a－b）。

● 當（a＋b）（a－b）＝b（a－b），
兩邊除以（a－b），則a＋b＝b。

● 因為a＝b，2a＝a，所以 2＝1。

說明有誤

因為a－b＝0，<u>0不能當除數</u>，所以產生錯誤。

0當除數
NG！

53 擁有無限表面積和有限體積的圖形？

[圖形]

「**加百列號角**」是由數學上的
「**發散**」和「**收斂**」觀念形成的悖論！

「**無窮**」有什麼含意？在數學上說到無窮，指的是「**無限大的狀態**」。例如，數字逐漸增加的無窮數列「1、2、3、…、n」，可寫成「$\lim\limits_{n\to\infty} n = \infty$」，數學上稱之為「**無窮發散**」〔**圖1** 左〕。

相對於此，「$1，\dfrac{1}{2}，\dfrac{1}{3}，…，\dfrac{1}{n}…$」分母逐漸增加的無窮數列，可寫成「$\lim\limits_{n\to\infty} \dfrac{1}{n} = 0$」，當n趨近於無限大時越接近「0」。這時就稱作「**收斂於0**」，收斂的數值名為數列的「**極限（極限值）**」〔**圖1** 右〕。

有一個充滿神祕色彩的圖形便是以這個無窮觀念為基礎畫成的。那就是17世紀義大利數學家**托里拆利（Torricelli）**發明的「**托里拆利小號（又稱：加百列號角）**」。普通的立體圖形，當表面積無限增大時，體積也會變得無限大。可是，加百列號角卻是**擁有無限的表面積和有限的體積**。這個號角的立體圖形是「$y = \dfrac{1}{x}$（$1 \le x \le \infty$）」的座標曲線繞x軸旋轉而成。號角的長度無窮延伸，利用微分、積分（➡P200）計算的話，呈表面積發散，體積收斂的狀態〔**圖2**〕。

結合有限和無限的圖形

▶「發散」和「收斂」〔圖1〕

無窮數列的數值不是「收斂」就是「發散」。

發散

例 1^2 , 2^2 , 3^2 , … , n^2 …

無限增加的數列

➡ $\lim\limits_{n\to\infty} = n^2 = \infty$（無限大）

無窮發散

收斂

例 $1+\dfrac{1}{1}$, $1+\dfrac{1}{2}$, $1+\dfrac{1}{3}$, $1+\dfrac{1}{n}$ …

➡ $\lim\limits_{n\to\infty}\left(1+\dfrac{1}{n}\right) = 1$

收斂於極限值「1」

▶加百列號角〔圖2〕

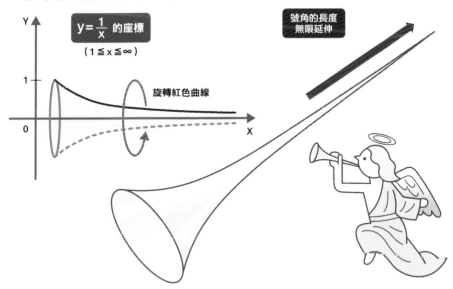

$y=\dfrac{1}{x}$ 的座標

（ $1 \leqq x \leqq \infty$ ）

旋轉紅色曲線

號角的長度無限延伸

因為托里拆利小號連起有限和無限（神），在《新約聖經》中，天使長加百列吹響號角宣告「最終審判」的來臨，便以此為喻，又名「加百列號角」。

Q 有無限多房間的飯店客滿了。可以再住進無限多位房客嗎?

| 能入住 | or | 不能入住 |

假設有間飯店擁有無限多間客房。有無限多位房客投宿於此。某一天,又有無限多位房客來到這間飯店。這時飯店客房應該住滿無限多位房客,可是還能再接受無限多位房客入住嗎?

大排長龍～

這是由德國數學家**大衛‧希爾伯特**(David Hilbert,1862～1943)提出,名為**「希爾伯特的無窮飯店」**的知名悖論題,題目中傳達出無窮的神奇特性。

首先,假設有1位新客人來到住著無限多位旅客的無窮飯店。飯店已經客滿。

這時飯店經理請飯店的房客住進目前房號的下一號客房。於是，「1號房」便空出來了，新旅客就能入住。即便來了10人，100人的**「有限」新旅客，也能依人數移動客房，空出房間。**

那麼回到這一題，有「無限多」位旅客來到無窮飯店。這時該怎麼做呢？

這時，飯店經理就請1號房的房客移到2號房，2號房的房客移到4號房⋯⋯依序移到2倍房號的客房（**偶數號客房**）。於是，**無限多間奇數號客房就空出來了。**這樣就能接待新一批的無限多位旅客入住奇數號客房。

客滿的無窮飯店入住無限多位房客的方法

已經入住的無限多位房客移到自己房號2倍的客房。

新一批無限多位旅客入住無限多間空出來的奇數號房。

這在現實生活中不可能發生，但數學理論就是這麼一回事。因此，正確答案是「能入住」。

54 [數字] 爲什麼阿基里斯追不上烏龜？

原來如此! 因為把追趕的時間
細分成無限多點，所以追不上！

「阿基里斯與烏龜」是以無限為題的知名悖論。故事詳述如下。

出現在希臘神話中的英雄，飛毛腿阿基里斯追趕先出發的烏龜。當阿基里斯起跑時，烏龜已到達A地點。當阿基里斯到達A地點時，烏龜稍微往前進到B地點。當阿基里斯抵達B地點時，烏龜又移到C地點。就這樣**即便阿基里斯到達烏龜原本的位置，烏龜都會再更往前進一點**，所以永遠追不到的詭辯故事〔**右圖**〕。

就常識來判斷，阿基里斯應該能追上烏龜，可是追不上的理由也說得通。為什麼會這樣呢？

因為該悖論的觀點是**「阿基里斯追不到的是快追上前的時間」**。當距離縮短到再1秒就能追上時，那0.9秒後呢？0.09秒後呢？0.009秒後呢？……如果把時間無限細分下去就永遠追不上了。但是，0.9＋0.09＋0.009＋……無限相加的話，答案會**收斂**成無限趨近於「1」。也就是說，細分後的無窮序列總和會接近**有限數值**。

以無限爲題的悖論

▶「阿基里斯與烏龜」的悖論

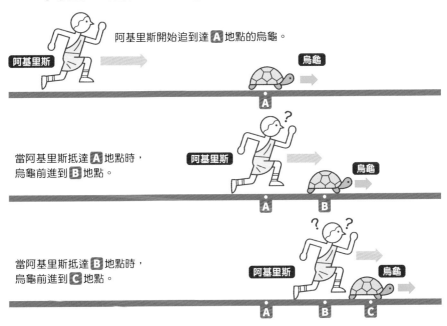

阿基里斯開始追到達 **A** 地點的烏龜。

當阿基里斯抵達 **A** 地點時，烏龜前進到 **B** 地點。

當阿基里斯抵達 **B** 地點時，烏龜前進到 **C** 地點。

如果阿基里斯再1秒後追到 D 地點……

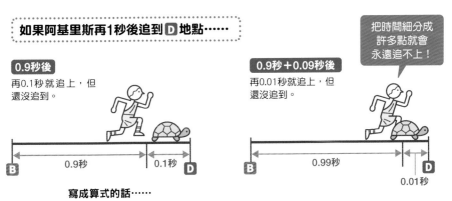

把時間細分成許多點就會永遠追不上！

0.9秒後
再0.1秒就追上，但還沒追到。

0.9秒＋0.09秒後
再0.01秒就追上，但還沒追到。

寫成算式的話……

$$\lim_{n \to \infty}\left(1 - \frac{1}{10^n}\right) = 0.9 + 0.09 + 0.009 + \cdots = 1$$

烏鴉算

因為題目中出現了999隻烏鴉,故取名「烏鴉算」。 到「999」的乘積,就覺得非用電子計算機不可吧,但只要花點工夫列出算式,便能輕鬆求解。

問 在999個海灘,各有999隻烏鴉。
每隻烏鴉各「嘎」地叫了999次,
請問總共叫了多少次?

POINT

● 利用「999」等於「1000－1」!

● 從1000倍的數值減掉數字本身!

● 無論乘以幾次999。計算順序都一樣!

解答

直接把題目寫成以下算式。

$$999 \times 999 \times 999 = 所有的叫聲$$
（海灘數）　（烏鴉數）　（叫聲數）

直接心算或筆算出乘積都很辛苦，但把「999」換成「1000－1」是烏鴉算的重點。一換成「1000－1」的話，就能用下列式子算出所有海灘上的烏鴉數。

$$999 \times (1000-1) = 999000 - 999$$
$$= 998001$$

> 從1000倍的數值減掉999後的數字！

知道烏鴉的數量後，再從下列式子算出所有烏鴉的叫聲。

$$998001 \times (1000-1)$$
$$= 998001000 - 998001$$
$$= 997002999$$

> 從1000倍的數值減掉998001後的數字！

 答 9億9700萬2999次

其他問題&解答

在990個海灘上，各有990隻烏鴉各叫了990次的話，可以把「990」換成「1000－10」來計算。算式如右所示，答案是9億7029萬9000次。

$$990 \times (1000-10) = 990000 - 9900$$
$$= 980100$$
$$980100 \times (1000-10) = 980100000 - 9801000$$
$$= 970299000$$

55 [數字] 完美的數學型式「巴斯卡三角形」是什麼？

把**二項式定理的係數**排成三角形，
其中藏有各項**數學特質**！

像2^3（＝2×2×2）等，相同數字連續自乘的結果稱為「**乘方**」。如果是項式乘方，如（x＋y）^{2}等**n次方項式的展開規則**，稱為「**二項式定理**」。

當n＝2時，則（x＋y）^{2}＝x^2＋2xy＋y^2，**係數**（文字前的數字）是「1，2，1」。當n＝3時，則（x＋y）^{3}＝x^3＋3x^2y＋3xy^2＋y^3，係數（文字前的數字）是「1，3，3，1」。用**二項式定理的係數排成的三角形名為「巴斯卡三角形」**。因為是數學家**巴斯卡（Pascal）**的研究成果故以此命名，不過該定理自古以來便有人研究。

巴斯卡三角形被譽為「**數學上最完美的型式**」，相鄰的兩數和等於下方數字〔**右圖**〕。另外，各層的第一個和最後一個都是「1」，排在第二個的是「1，2，3，4…」的**自然數**。排在各層第三個的是「1，3，6，10，15…」的**三角形數**（排成正三角形時的總點數），各層第四個則是**四面體數**（排成正四面體時的總點數）。還有，各斜行數字相加之和是**費氏數列**（➡P104）等，藏有多項數學特質。

藏有多項數學特質的三角形

▶ 巴斯卡三角形

把二項式定理的係數排成三角形，會出現各項特質。

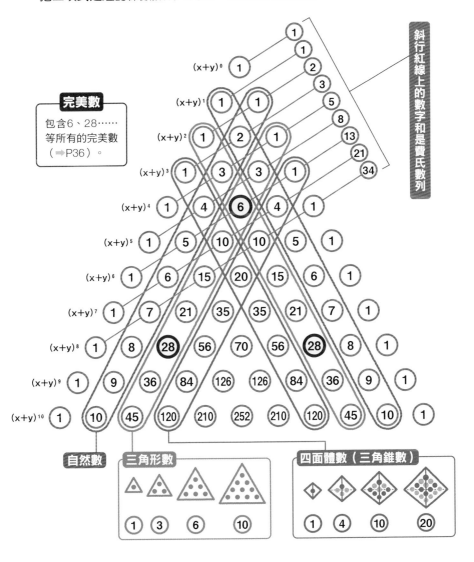

完美數
包含6、28……
等所有的完美數
（➡P36）。

斜行紅線上的數字和是費氏數列

自然數

三角形數

四面體數（三角錐數）

149

異想天開！神奇的數學世界 第3章

56 可以畫出質數邊的正多邊形嗎？

[圖形]

原來如此！ 天才數學青年**高斯**透過計算，
發現**正十七邊形**的畫法！

像三角形、正方形或正六邊形之類的圖形**可用尺規作圖**，如果是更複雜的正多邊形，也作得出來嗎？正三角形、正方形、正五邊形等正多邊形能用尺規作圖，可是直到19世紀，人們認為只有**「正三角形」**和**「正五邊形」**這2個質數多邊形才作得出來。不過1796年3月30號早上，19歲的天才數學家**高斯（Gauss）**（➡P170），從床上起身的瞬間，想到**「正十七邊形」**的畫法。

高斯表示**可以只用四則運算符號和開根號（$\sqrt{}$）寫出把圓分成17等分的cos角「$\cos\frac{2\pi}{17}$」**，並且證明可作出正十七邊形〔**右圖**〕。之後，也發現各種正十七邊形的作圖法。

高斯還證明了可作圖的正質數邊形，和17世紀的法國數學家**費馬**發現的**「費馬質數」**有關。費馬質數是可寫成**「$2^{2n}+1$（n是自然數）」**的質數，已知有**「3，5，17，257，65537」**5個。也就是說，可用尺規作圖畫出的正質數邊形，目前只知道這5個。

畫出正十七邊形的思考模式

▶ 高斯提出的正十七邊形作圖法

實際的作圖步驟相當複雜故省略。
以下說明他的想法。

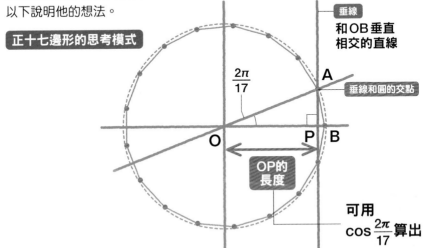

正十七邊形的思考模式

垂線
和OB垂直
相交的直線

$\frac{2\pi}{17}$

A

垂線和圓的交點

O　　P　B

OP的長度

可用
$\cos\frac{2\pi}{17}$ 算出

作圖方法

- 用$\cos\frac{2\pi}{17}$的算式求出OP長度。
- 畫一條通過P的垂線，和圓相交於A點，即為正十七邊形的頂點。
- OP的延伸線和圓相交於B點，連接B點和A點的直線即為正十七邊形的一邊。
- 在圓周上等距離標出上述直線，就能作出正十七邊形。

寫成算式為……

$$\cos\frac{2\pi}{17} = \frac{1}{16}\left(-1+\sqrt{17}+2\sqrt{\frac{17-\sqrt{17}}{2}}\right)$$

➡ 由此可知，能寫成四則運算符號和√的話，就能作圖！

能做出「二角形」？ 球體的神奇特質

原來 如此! 在球面上做得出**二角形**， 而且三角形的內角和會**大於180°**！

「球體」指的是空間中，與一定點（球心）等距離的點組成的圖形。其實，球面擁有平面幾何學（有關圖形或空間的數學）＝ 歐氏幾何學無法解釋的神奇特質，名為**「球面幾何學」**。來看看「球體」的神奇特質吧。

球體，無論從哪個方向看都是圓形，用平面切開球體各處的截面也是圓形。試想，這個圓形是被通過球心的平面所截出。當截面通過球心時截得的圓形最大，稱為**「大圓」**。可以算出半徑 r 的球體**表面積是 $4\pi r^2$，體積是 $\frac{4}{3}\pi r^3$**。

在球體表面畫 2 條直線（連接 2 點距離最短的直線，和大圓一樣）延伸出去，一定會在球面某處相交，也會在背面相交。這時就形成**有 2 個頂點和 2 條邊的「二角形」**〔**圖1**〕。

另外，在球面上畫三角形，因為比平面三角形鼓脹，所以**內角和大於180°**。再把球平切成 2 等分，再從正上方切成 4 等分得到的三角形，內角各是 90°，形成**內角和270°的正三角形**〔**圖2**〕。

球面的圖形特質

▶球體表面可形成「二角形」〔圖1〕

通過球心的截面稱為「大圓」。

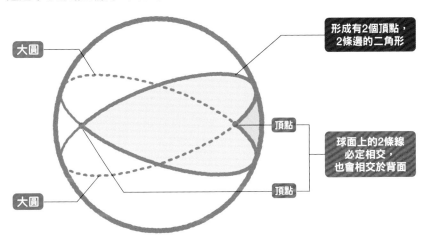

大圓

形成有2個頂點，2條邊的二角形

頂點

球面上的2條線必定相交，也會相交於背面

頂點

大圓

▶球面上的「三角形」特質〔圖2〕

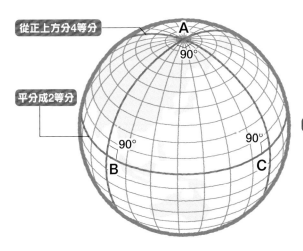

從正上方分4等分

90°

平分成2等分

90°　　　90°

B　　　C

A

把球平切成2等分，再從正上方切成4等分，得到的三角形ABC為正三角形，內角分別是90°（內角和270°）。

球面上的三角形面積

$$\frac{r^2(a+b+c-180°)}{180°}$$

假設半徑是r，三角形ABC的內角分別是a、b、c，就可用上列式子求得面積。

數學 測驗 〈6〉

憑直覺無法判斷？ 「蒙提霍爾問題」

在美國電視節目上播出後獲得熱烈回響的題目。
是很多人無法憑直覺判斷的知名機率問題。

1 這裡有 **A** **B** **C** 3扇門，其中1扇門後面藏有獎品。挑戰者要猜出是哪一扇門。

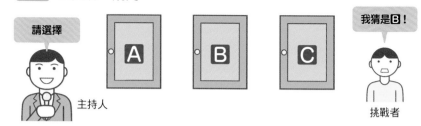

2 主持人（蒙提・霍爾）知道答案，從剩下的2扇門中選出沒有獎品的門並打開。

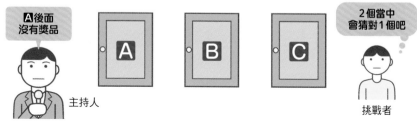

3 主持人問挑戰者「選好的門要換成另一扇嗎？還是不換？」這時應不應該換？應該要選哪一邊？

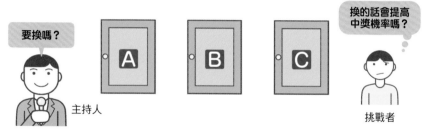

剩下 B 門和 C 門。猜對的機率是 $\frac{1}{2}$。所以無論換不換門，機率都一樣吧？但是，**從選第一扇門時來想的話，就能看出正確的機率。**試著從頭思考吧。

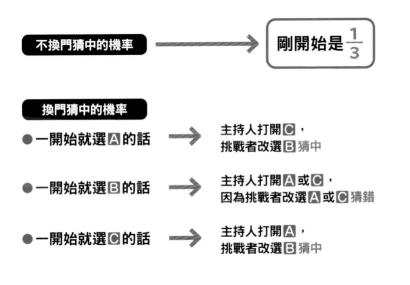

不換門猜中的機率 ⟶ 剛開始是 $\frac{1}{3}$

換門猜中的機率

● 一開始就選 A 的話 ⟶ 主持人打開 C，挑戰者改選 B 猜中

● 一開始就選 B 的話 ⟶ 主持人打開 A 或 C，因為挑戰者改選 A 或 C 猜錯

● 一開始就選 C 的話 ⟶ 主持人打開 A，挑戰者改選 B 猜中

無論是 A B C 哪扇門中獎，換門的話機率都是 $\frac{2}{3}$。也就是說，從3扇門中猜出「沒中獎」的機率即是猜中的機率。

由此可知，**換門會把猜對的機率從 $\frac{1}{3}$ 增加到 $\frac{2}{3}$**。

出現同花大順的機率是多少？

原來如此！

有**4種**花色。花色**除以**52張牌中選出5張的**組合數**就能算出機率！

撲克牌最厲害的牌型，是拿到相同花色的「10」、「11（Jack）」、「12（Queen）」「13（King）」、「1（A）」5張牌，也就是**「同花大順」**。這種牌型出現的機率是多少呢？

機率指的是特定事件發生的次數除以所有事件數。機率中有**給定排序的「排列」及任意挑選的「組合」**。從5人中選3人排成1列就是「排列」，從5人中選3人組成隊伍就是「組合」〔**圖1**〕。

撲克牌每種花色各13張共有52張。從中取出5張排序的方法有52×51×50×49×48＝3億1187萬5200種。不過若取出的5張牌和順序無關就是**「組合」**。5張卡片的組合有120種。也就是說，從52張牌取出5張的組合是3億1187萬5200÷120＝259萬8960種。

同花大順連同♠♦♥♣的符號僅有4種。**出現的機率是4÷259萬8960×100≒0.00015%**〔**圖2**〕。也就是說**約65萬次會出現1次**。

機率的「排列」和「組合」

▶ 「排列」和「組合」的公式〔圖1〕

排列公式 從n個中取出k個依序排隊。

$$_nP_k = \frac{n!}{(n-k)!}$$

！是階乘（從n到1所有整數的連乘積）

例 從5人中選出3人排成一列……

$$_5P_3 = \frac{5!}{(5-3)!} = \frac{5×4×3×2×1}{2×1} = \boxed{60種}$$

組合公式 從n個中任意選出k個排隊。

$$_nC_k = \frac{n!}{k!(n-k)!}$$

例 從5人中選出3人組隊……

$$_5C_3 = \frac{5!}{3!(5-3)!} = \frac{5×4×3×2×1}{3×2×1×2×1} = \boxed{10種}$$

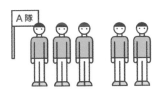

A隊

▶ 出現同花大順的機率〔圖2〕

同花大順的花色

4種

從52張選出5張的組合數

$$_{52}C_5 = \frac{52!}{5!(52-5)!}$$

牌型出現的機率

$$4 ÷ \frac{52!}{5!\,47!} = \frac{4×5×4×3×2×1}{52×51×50×49×48} = \boxed{\frac{1}{649740}}$$

異想天開！神奇的數學世界 **第3章**

59
[數字]

數字類彩券的中獎機率是多少？

原來如此! 選數字的彩券用「**組合**」，
挑選並排列的就用「**情況數**」來算！

　　買彩券時都很在中獎機率吧？像樂透彩這種**自行挑選數字的彩券，可以透過計算得知中獎機率**。

　　日本LOTO6是從1～43的數字中選出6個數字。用「**組合**」（➡ P156）可算出中獎機率。根據組合公式「nCk＝ $\frac{n!}{k!(n-k)}$ 」，可以求出組合類型有 $_{43}C_6$ ＝609萬6454種。也就是說LOTO6的**中獎機率約是600萬分之1**〔**圖1**〕。

　　還有像另一種彩券「Numbers」中的「Straight」，是從0～9的10個數字中選出3個（或4個）數字依序排列，試想一下這種彩券的中獎機率吧。

　　這種彩券因為可能選到重複的數字，如「115」、「222」等，所以用「**情況數（出現的情況總數）**」來算。舉例來說，當一顆骰子擲3次時，出現的點數種類共有6×6×6＝216種。Numbers選出3位數的「情況數」是，10×10×10＝1000種，所以**中獎機率是1000分之1**〔**圖2**〕。

計算彩券的中獎機率

▶ 計算自選數字的機率〔圖1〕

LOTO6 從1～43的數字中選出6個數字，是彩券中的組合類型。

$$_{43}C_6 = \frac{43 \times 42 \times 41 \times 40 \times 39 \times 38}{6 \times 5 \times 4 \times 3 \times 2 \times 1} = \boxed{609萬6454種}$$

➡ 約600萬分之1

LOTO7的
中獎機率是
1000萬分
之1！

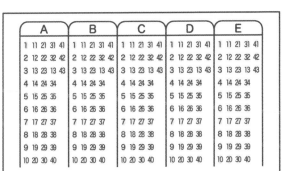

▶ 計算選數字並且排列的機率〔圖2〕

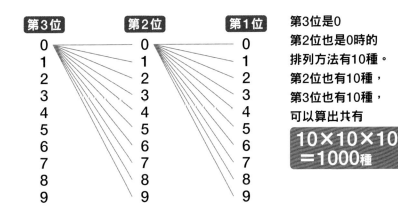

第3位 　　　 第2位 　　　 第1位

第3位是0
第2位也是0時的
排列方法有10種。
第2位也有10種，
第3位也有10種，
可以算出共有

$$10 \times 10 \times 10 = 1000種$$

60 擲骰子出現的點數平均值
[數字] 爲多少？「大數法則」是什麼？

**原來
如此!** 骰子的投擲次數越多，
平均值越接近3.5的法則！

丟骰子時，**每一面出現的機率應該是 $\frac{1}{6}$**。那麼，丟出的骰子點數平均值會是多少呢？

求平均值的話，是 $\frac{(1+2+3+4+5+6)}{6}=3.5$。可是，實際上擲10次骰子，出現的點數總和是38，平均值是3.8。這表示每一面出現的機率不是 $\frac{1}{6}$。原因出在哪裡呢？

在上述例子中，骰子的點數平均值不是3.5的原因是，投擲次數太少。如果投擲次數增加到100次、1000次或1萬次的話，**平均值（期望值）就會趨近3.5**。另外，像擲硬幣也是擲越多次，正反面出現的機率越接近 $\frac{1}{2}$。這稱為「大數法則」，是16世紀的數學家**雅各布・白努利（Jacob Bernoulli）所定義**。大數法則是機率論和統計學的基本定理之一，例如調查汽車肇事率時，從司機的**「母體」**中隨機選出數位司機的**「樣本」**。重複調查多次，就能預測出所有司機的肇事率〔**右圖**〕。因此，大數法則是與**保險等金融商品設計**密切相關的概念。

▶ 用於保險上的「大數法則」

來看簡化後的汽車肇事率預測模型吧。

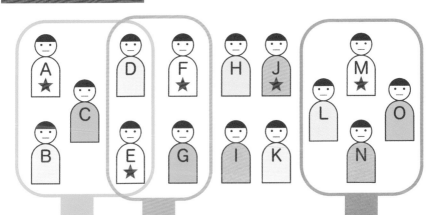

母體（所有司機）

★有肇事紀錄者

樣本

選出A、B、C、D、E
5人，結果
有2位肇事紀錄者

樣本平均數 $\frac{2}{5}$

樣本

選出D、E、F、G
4人，結果有
2位肇事紀錄者

樣本平均數 $\frac{2}{4}$

樣本

選出L、M、N、O
4人，結果有
1位肇事紀錄者

樣本平均數 $\frac{1}{4}$

從母體隨機選出數個樣本，重複計算樣本平均數，
就能預測**母體平均數**！

沒有人能預料到交通事故，但可以預測出**肇事率**，
就能試算**保險金額**！

Q 在23人的團體內遇到同一天生日的人機率是幾%？

| 約10% | or | 約30% | or | 約50% | or | 0 |

某間公司在新年度組織新團隊。團隊成員有23人。自我介紹時，分別說出自己的生日。這時，在該團隊內遇到同一天生日的人機率是幾%？

「最少有2人同一天生日」的機率，是從**「一定有同天生日的人」**的機率「1（100％）」，減掉「沒有人同一天生日」的機率算出來的。

假設1年是365天（不計閏年），就有365個生日。以A和B兩人來算，B和A生日不同的天數是364天。由此可算出A和B生日不同天

的機率是 $\frac{364}{365}$（約99.7%）。接著再加進第3個人C來算。C的生日和A、B不同的天數是，365天減掉2人的生日等於363天。則可算出機率為 $\frac{363}{365}$（約99.5%）。A、B、C 3人的生日都不一樣的機率是 $\frac{364}{365} \times \frac{363}{365}$（約99.2%）。像這樣生日不同天的機率是 $\frac{364}{365} \times \frac{363}{365} \times \frac{362}{365}$ ……，可用分子**逐次減1除以365的數字乘以人數**求得。

那麼，來算23人的情況吧。**第23人和其他22人生日不同的機率是，（365－22）÷ 365**。

23人時的算式

機率算法

$$\boxed{\text{一定有人同天生日的機率}\ \mathbf{1}\,(100\%)} - \boxed{\text{沒有人同天生日的機率}}$$

$$1 - \underset{第2人}{\frac{364}{365}} \times \underset{第3人}{\frac{363}{365}} \times \underset{第4人}{\frac{362}{365}} \times \cdots \times \underset{第23人}{\frac{343}{365}} = 1 - 0.4927\cdots = 0.5073\cdots$$

由此可算出23人的團體內沒有人在同一天生日的機率是0.4927……。**「1」減掉該數就能求出「有人同天生日」的機率**。也就是說正確答案是0.5073……＝約50%。順帶一提，團隊人數35人時的機率是81%，40人時約是89%。機率意外的高呢。

異想天開！神奇的數學世界 **第3章**

61
[數字]

猴子寫《哈姆雷特》？
「無限猴子定理」是什麼？

原來如此!

如果有**壽命無限長的猴子**，
理論上**猴子也能寫出《哈姆雷特》**的理論！

　　如果，有一隻**壽命無限長的猴子**，無限次地亂敲打電腦鍵盤的話，能打出莎士比亞的作品內容嗎？**答案是「有可能」**。稱之為**「無限猴子定理」**。

　　這是所謂的**「思想實驗」**之一，敘述**「若長時間亂按每一個字母，就能打出任何句子」**。

　　以永生的猴子來舉例，目標是打出「hamlet」6個字母。假設電腦鍵盤的按鍵數是100個，打到第一個正確的字母「h」的機率是 $\frac{1}{100}$ 。接著打出正確字母的機率各是 $\frac{1}{100}$ ，所以連續打出6個正確字母的機率是 $\frac{1}{100} \times \frac{1}{100} \times \frac{1}{100} \times \frac{1}{100} \times \frac{1}{100} \times \frac{1}{100}$ ，答案是1兆分之一。也就是說，**若猴子隨機敲打1兆次按鍵，就有可能打出「hamlet」的文字**〔**右圖**〕。

　　這表示，猴子用趨近於無限的時間就能打出《哈姆雷特》的文章內容。以**無限的時間或數字做假設，再小的機率都會發生**。

▶ 猴子用電腦打出「hamlet」的機率

例 當鍵盤上有100個按鍵時

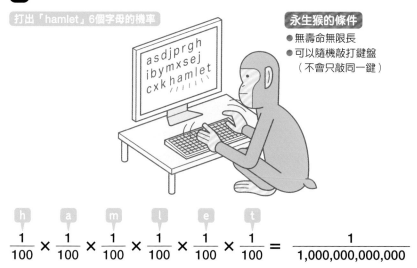

打出「hamlet」6個字母的機率

永生猴的條件
● 無壽命無限長
● 可以隨機敲打鍵盤
（不會只敲同一鍵）

$$\frac{1}{100} \times \frac{1}{100} \times \frac{1}{100} \times \frac{1}{100} \times \frac{1}{100} \times \frac{1}{100} = \frac{1}{1,000,000,000,000}$$

幾年才能打出正確的100個字母　假設猴子1秒可以打10萬字……

必須年數

100億
×
1無量大數
×
1000京年

在數學理論上，正確打出《哈姆雷特》全文的可能性，並非不可能，但要花上趨近於無限的時間！

62

[數字]

可以用數學
寫出音階嗎？

原來如此! 決定音階的**琴弦長短**中藏有數學規則。
數位化聲音也會用到數學！

其實音樂與數學兩者密切相關。古希臘數學家**畢達哥拉斯**發現「八度音」的音階數學規則。當彈吉他等的琴弦，在弦長的 $\frac{2}{3}$ 處會彈出高五度的音，弦長的一半則會彈出高八度的音。舉例來說，當彈會發出「Do」音的弦上的 $\frac{2}{3}$ 處時，發出「Sol」的音，$\frac{1}{2}$ 時發出高音「Do」。這個規則名為「**畢氏音程**」。

原本聲音就是**在空氣等介質中傳播的振動（音波），每秒的振動數稱為「頻率」，以Hz為表示單位**。頻率越大聲音越高，越小則越低〔**圖1**〕。國際上把現行音階中**440Hz的「La」音訂為標準音**。

另外，我們平常聽到的聲音是參雜各種聲音（頻率）的「**複合音**」，但在CD或智慧型手機中聽到的聲音，是把混合音**分解成基本波形「純音（正弦波）」，再轉成數位訊號的聲音**。把頻率分解成純音時，使用18世紀末法國數學家**傅立葉（Fourier）**提出的「**傅立葉轉換**」〔**圖2**〕。

藏於音樂中的數學規則

▶ 畢氏音程和頻率〔圖1〕

弦長和音階的關係 弦長和音階間藏有數學規則。

低音 Do ——————— 弦長

Sol ——————— 低音Do $\frac{2}{3}$ 弦長的

高音 Do ——————— 低音Do $\frac{1}{2}$ 弦長的

頻率 振幅越大聲音越大，波長越短聲音越高。

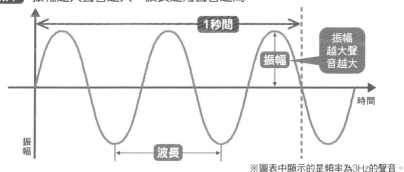

1秒間

振幅 振幅越大聲音越大

時間

振幅

波長

※圖表中顯示的是頻率為3Hz的聲音。

▶ 利用傅立葉轉換分解聲音〔圖2〕

利用傅立葉轉換（若是周波函數，透過三角函數的疊加來表示），把複合音顯示為純音組合。

複合音

混雜各種聲音的狀態

用傅立葉轉換 分解成純音

純音A

純音B

純音C

數學測驗〈**7**〉

真的感染了病毒？「偽陽性悖論」

當接受可能引起重症的病毒檢驗，若檢驗結果呈「陽性」代表真的感染病毒了嗎？

假設每1萬人當中有1人（0.01％）會得到具傳染性的病毒。A先生接受病毒檢驗，得到判定結果是「陽性」。檢驗的準確度為99％，則A先生確實染病的機率是幾％？

10000人中有1人

　　檢驗的準確度是99%。因為判定結果是「陽性」，就覺得有99%的機率染病？但是請回想一下最初設定的條件，「1萬人中有1人感染病毒」。若是100萬人，就有100人感染，**有99萬9900人沒有感染。**

檢查100位感染者

正確判定為「陽性」的人數 ➡ **99人**

誤判為「陰性」的人數 ➡ **1人**

檢查99萬99000位未感染者

正確判定為「陰性」的人數 ➡ **98萬9901人**

誤判為「陽性」的人數 ➡ **9999人**

判定為陽性的總人數

➡**99人 ＋ 9999人 ＝ 10098人**

　　這裡面有99人確實得到流感。因此判讀為「陽性」的人當中，**A先生實際染病的機率是99÷10098＝0.00980……也就是說大約「1%」。**像「1萬人中有1人染病」之類傳染性低的病毒檢查，就算判讀結果為「陽性」，其實沒得到的可能性還比較高。

定律和單位沿用其名的「天生的數學家」

卡爾・弗里德里希・高斯

（1777－1855）

　　高斯的父親是德國磚瓦工匠，據說他在會說話前就會算數，3歲時就能糾正父親帳目上的錯誤。小學的作業中有一題是「請算出1加到100的總和」，他利用「1＋100＝101、2＋99＝101、……50＋51＝101，總共有50組101，所以答案是101×50＝5050」，迅速算出答案。

　　15歲時提出「質數定理」的猜想，推測質數分布的類型。這個猜想在100年後獲得證明。19歲時，發現正十七邊形的作圖法，決定成為數學家（➡P150）。30歲起在哥廷根大學當天文台長與數學教授，留下許多傑出研究，如代數基本定理的證明、建立整數論系統、發現最小平方法等。

　　除了數學以外，在天文學方面算出小行星穀神星的運行軌跡，在物理學上闡述電磁的特性。可說是「人類史上最傑出的數學家」。在數學和物理學方面，有許多用高斯命名的定律或單位，如「高斯整數」、「高斯積分」、「高斯定律」、磁感應的強度單位「高斯」等。從高斯的遺稿中也發現不少引領時代的研究成果。

第**4**章

想要現學現賣的

數學概念

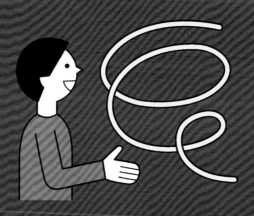

微分、積分、費馬最後定理、歐拉公式⋯⋯。
這些有聽沒有懂的數學概念。
試著理解本章節的重點、彩圖和圖解，
一窺數學的魅力吧。

63 [數字] 統計不可信？「辛普森悖論」

原來如此! 統計結果從「**整體**」或「**部分**」來看，會有完全**不同的解釋**！

　　調查某件事，把資料數據化成數值稱之為「統計」。一般認為統計的結果嚴謹且正確，但實際上，**統計結果從「整體」或「部分」來看，會有完全不同的解釋**，利用這點便能欺騙他人。這就是英國統計學家**辛普森（Simpson）**提出的**「辛普森悖論」**。

　　舉例來說，在A高中和B高中，各有100位學生，他們參加同樣的考試，結果A高中男生（80人）的平均分數是60分，女生（20人）是80分，B高中男生（50人）的平均分數是55分，女生（50人）是75分。**無論男女都是A高中的分數較高**，所以A高中看起來比較優秀吧？但是用整體平均分數來比的話，B高中多1分〔**右圖**〕。不過若是沒有提到「整體平均分數」的統計結果，A高中也會覺得「我們學校比B高中優秀」。

　　除了考試成績外，像醫療現場的**治療成效**，或工廠端的**不良品比例**等統計結果，都能採用對己方有利的數據。統計的**「結果」**與**「解釋」**必須嚴格區分清楚。

「部分」與「整體」不同的統計結果

▶ 辛普森悖論是？

A高中和B高中各有100位學生參加同樣的考試。

A 高中	B 高中

A 高中

男生 80人　男生平均分數60分

女生 20人　女生平均分數80分

B 高中

男生 50人　男生平均分數55分

女生 50人　女生平均分數75分

整體平均分數是？

男生 80人 × 60分 = 4800分
女生 20人 × 80分 = 1600分

整體總分是
4800分 + 1600分 = 6400分

整體平均分數是
6400分 ÷ 100 = **64**分

整體平均分數是？

男生 50人 × 55分 = 2750分
女生 50人 × 75分 = 3750分

整體總分是
2750分 + 3750分 = 6500分

整體平均分數是
6500分 ÷ 100 = **65**分

整體平均分數是B高中多1分 ！

想要現學現賣的數學概念 **第4章**

某部分和整體的形狀相同？「碎形圖案」是什麼？

原來如此！ 碎形圖案是擁有「**自相似性**」的圖形。
無論**放大多少倍，都呈複雜的形狀**！

　　雪花的形狀是美麗的六邊形。以雪花為首，積雨雲、分歧的樹枝、谷灣、人體血管、閃電……等，將他們**放大「部分」細看，都會重複出現和「整體」形狀一樣的構造**。這種特質名為「**自相似性**」，有這種特質的圖形稱之「**碎形圖案**」。自然界裡存在多種碎形圖案，特色是「**無論放大多少倍都是複雜的形狀**」。

　　具代表性的碎形圖案有「卡區雪花」。這是20世紀初，瑞典數學家**卡區（Koch）**提出的圖形，把正三角形的邊長分成3等分，以分割後的2點為頂點畫出新的正三角形……重複這些作圖步驟產生的圖形〔**圖1**〕。卡區雪花的周長（圖形一周的長度）可以**無限延伸下去**，但面積一定是原始正三角形的**1.6倍**。

　　波蘭數學家**謝爾賓斯基（Sierpiński）**提出的「**謝爾賓斯基三角形**」，也是有名的碎形圖案。取一正三角形，切除各邊中點連成的正三角形，對剩下的正三角形也進行同樣的動作，重複無限多次後完成的圖形〔**圖2**〕。

最具代表性的碎形圖案

▶ 卡區雪花〔圖1〕

把正三角形的3邊分成3等分，以分割後的2點為頂點畫出正三角形並重複作圖。

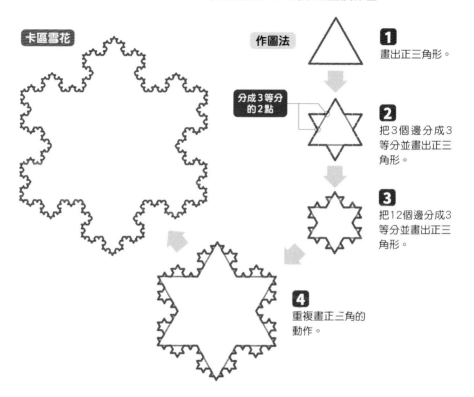

卡區雪花

作圖法

分成3等分的2點

1 畫出正三角形。

2 把3個邊分成3等分並畫出正三角形。

3 把12個邊分成3等分並畫出正三角形。

4 重複畫正三角的動作。

▶ 謝爾賓斯基三角形〔圖2〕

取一正三角形，無限次切除各邊中點連成的正三角形。

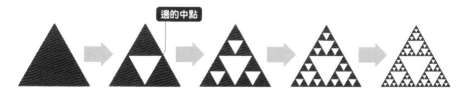

邊的中點

65 「賽局理論」是用於
何處的理論？
[知識]

原來如此！ 「如何行動最有利」的理論化方法。
有「奈許均衡」、「囚犯困境」等例子！

在賽局中要贏過對方，必須採取**戰術**。當個人、企業或國家間有**利害衝突**時，像博弈一樣，對**「如何行動最有利」**的戰略進行數學分析、理論化後的方法名為**「賽局理論」**。

賽局理論中，具代表性例子是美國數學家**約翰・奈許（John Nash）**提出的**「奈許均衡」**。簡單地說就是**「所有參加者單獨改變自己的戰略卻吃虧的均衡狀態」**。舉例來講，A店、B店、C店在削價競爭，結果每家店都降到底價後，只有自己抬高售價時，吃虧的只是自家商店。因此，每家店都下定決心不抬高價格〔**圖1**〕。

另一個知名的賽局理論範例是**「囚犯困境」**。有2位嫌疑犯分別在不同的房間內接受審訊，如果告訴他們「自首的人無罪，保持沉默的人判10年徒刑」、「2人都保持沉默的話2人都判2年徒刑」、「2人都自首的話2人都判5年徒刑」，對2個人**最有利的局面（柏拉圖最適）**是「2人都保持沉默」。但是如果自己保持沉默，會便宜了自首的對方，如果自己自首的話，對方也會因為這樣而得利，所以**2個人都選擇自首，錯過最自己最有利的狀態**〔**圖2**〕。

賽局理論的代表性例子

▶ 奈許均衡〔圖1〕

A店、B店、C店以降價策略來提高獲利。

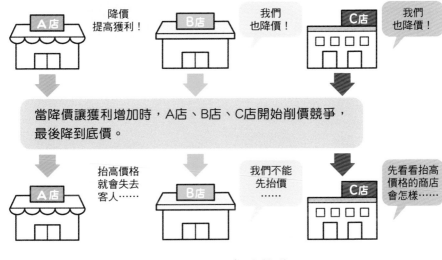

3家店都決定不抬高價格的狀況 ➡ **奈許均衡**

▶ 囚犯困境〔圖2〕

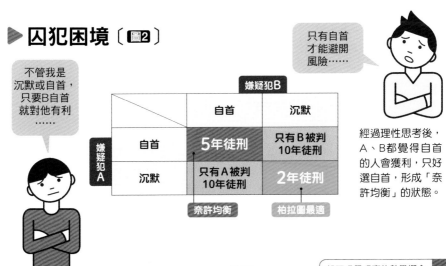

想要現學現賣的數學概念 **第4章**

Q 3位爭論中的女神 誰最漂亮？

| 雅典娜 | or | 阿芙蘿黛蒂 | or | 赫拉 |

雅典娜說「最漂亮的不是阿芙蘿黛蒂！」阿芙蘿黛蒂說「最漂亮的不是赫拉！」赫拉說「我最漂亮！」那麼最漂亮的是誰呢？最漂亮的女神只有一位，只有最漂亮的女神說的是實話！

赫拉　　　　　　　阿芙蘿黛蒂　　　　　　雅典娜

　　透過這個問題，可以確切了解數學上成立「假設」並驗證的重要性。**要解出數學問題，不是模糊地思考，成立假設並進行驗證，從邏輯上來思考相當重要。**在這個問題中，設有「只有最漂亮的女神說實話」的條件，所以先假設她們三位都是最漂亮的女神，就從這裡開始思考吧。

假設雅典娜最漂亮，那雅典娜和阿芙蘿黛蒂2人都說實話，違反題目條件。

接著，**假設阿芙蘿黛蒂最漂亮**吧。於是可以得知阿芙蘿黛蒂講的是實話。

保險起見，再**假設赫拉最漂亮**，這麼一來變成雅典娜和赫拉說的都是實話。

▶ 假設3位各是「最漂亮」的女神

雅典娜最漂亮的狀況

雅典娜 「最漂亮的不是阿芙蘿黛蒂！」➡ **實話**
阿芙蘿黛蒂 「最漂亮的不是赫拉！」➡ **實話**
赫拉 「我最漂亮！」➡ **謊話**

阿芙蘿黛蒂最漂亮的狀況

雅典娜 「最漂亮的不是阿芙蘿黛蒂！」➡ **謊話**
阿芙蘿黛蒂 「最漂亮的不是赫拉！」➡ **實話**
赫拉 「我最漂亮！」➡ **謊話**

赫拉最漂亮的狀況

雅典娜 「最漂亮的不是阿芙蘿黛蒂！」➡ **實話**
阿芙蘿黛蒂 「最漂亮的不是赫拉！」➡ **謊話**
赫拉 「我最漂亮！」➡ **實話**

假設3位各是「最漂亮的女神」，從驗證結果得知，符合題目條件的只有阿芙蘿黛蒂。像這樣，**建立假設並釐清矛盾便會得出正解**。

66 數學中的「4次元」有什麼含意？

[圖形]

原來如此! 在數學上用4個座標軸來思考問題。
次元越多，**數學的自由度**越高！

常聽到**2次元、3次元、4次元等的說法，在數學上這些用語代表什麼呢**？

2次元是上下、左右的「**平面**」，3次元是在平面上加入深度的「**空間**」，也就是我們所處的世界。物理學的相對論中，有從「空間＋時間」來思考4次元的「時空」概念，但是在數學上，不僅是把4次元想成物理方面的「空間＋時間」，而是更具彈性的想法。在3次元空間中，再加進一個座標軸視為4次元。也就是說，**在x軸（左右）、y軸（上下）、z軸（深度）上加入w軸**。雖然無法從視覺上來認知到4次元，但可以利用「**4次元超立方體**」來想像。立方體的面是正方形（2次元），可是**4次元超立方體的面是立方體**（3次元）〔**圖1**〕。

其實，在數學或物理世界，用4次元以上的「**高次元**」來運算是很基本的技巧。次元越高，越不會有數學上的「束縛」，**自由度也高**，便容易解決問題。例如，在平面上錯綜複雜的線，一換到空間裡，就成為不相交的線〔**圖2**〕。因此，有時會採取**從高次元證明數學難題**的技巧。

數學上的「次元」概念

▶ 4次元超立方體的想像圖〔圖1〕

以下是在x軸、y軸、z軸加上w軸的4次元座標上畫出的「4次元超立方體」，投影到3次元的示意圖。計算後得知有32條邊。

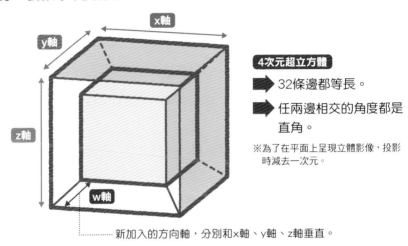

4次元超立方體

➡ 32條邊都等長。

➡ 任兩邊相交的角度都是直角。

※為了在平面上呈現立體影像，投影時減去一次元。

············ 新加入的方向軸，分別和x軸、y軸、z軸垂直。

▶ 數學上不同的次元〔圖2〕

在2次元和3次元世界，數學上的自由度不同。

在2次元只看到錯綜複雜的線……

用3次元呈現的話，變成不相交的線。

想要現學現賣的數學概念 第**4**章

67 地圖上的面積一目了然？「皮克定理」

[圖形]

使用**透明方格墊板算格子數**求面積的公式！

　　求解多邊形面積時，把圖形切割成三角形或四邊形先算出各自的面積，就能得到總面積。不過，使用「**皮克定理**」公式的話，能簡單算出大概的面積。

　　皮克定理是「**A（格子多邊形面積）＝ i（內部格點數目）＋ $\frac{1}{2}$ b（邊界格點數目）－ 1**」的簡單公式〔**圖1**〕。把**多邊形的頂點全放在格點（等距離分布的點）上的話**，無論形狀多複雜的多邊形，都能用這個單純的公式算出面積。

　　利用皮克定理，把符合地圖比例尺的透明方格墊板放在地圖上，就能約略算出國家或湖泊等的面積〔**圖2**〕。可是，至今尚未發現可運用於多面體等立體圖形的定理。

　　皮克定理是奧地利數學家**皮克（Pick）**在19世紀末提出的。據說皮克曾向友人**愛因斯坦**提出建言，也影響到**廣義相對論**的研究，後來因為猶太人的身分遭受納粹迫害，死於集中營。

計算多邊形面積的簡單公式

▶ 皮克定理〔圖1〕

利用皮克定理可算出下圖格子多邊形的面積。

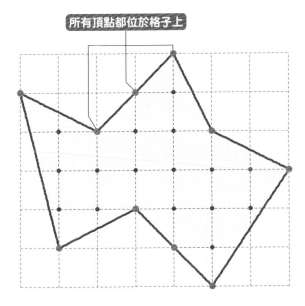

所有頂點都位於格子上

i（內部格點數目）

紫點 ➡ 16個

b（邊界格點數目）

橘點 ➡ 10個

皮克定理

$$A = i + \frac{1}{2}b - 1$$

面積

利用皮克定理
就能算出該圖形是

$$A = 16 + \frac{1}{2} \times 10 - 1 = 20$$

▶ 皮克定理的應用〔圖2〕

把透明方格墊板放在地圖上
的話，就能簡單算出大概的
面積。

方格尺寸配合地
圖的比例尺。

68 沒有內外之分的神奇圓圈
[圖形] 「莫比烏斯環」是什麼？

原來如此！ 沒有內（背面）外（正面）之分的圓圈！
還有不分上下左右的「克萊因瓶」！

　　取長紙條扭轉一次再把兩端貼起來的圓圈名為**「莫比烏斯環（莫比烏斯帶）」**。這是19世紀的德國數學家**莫比烏斯（Möbius）**提出的研究。

　　莫比烏斯環最大特色是，**沒有內（背面）外（正面）之分**。從環的正面上任一點開始畫線可以回到原始起點。也就是說，莫比烏斯環**是沒有正反面的「曲面」**。如果是擁有相同「曲面」的球體或圓柱，可以指出2個「面」（正與反），但在莫比烏斯環就只有1個「面」〔**圖1**〕。換言之，莫比烏斯環無法用顏色區分正反面。

　　另外還有19世紀數學家**克萊因（Klein）**發明的**「克萊因瓶」**。這是把類似瓶口的一端拉長塞進瓶身和瓶底相連的曲面。在這個曲面上的任一點朝任一方向移動箭頭，都會回到原始起點。克萊因瓶不僅沒有內外之分，**也具有上下左右不可定向的「球體」特質**〔**圖2**〕。

　　莫比烏斯環與克萊因瓶，都是圖形分類**「拓撲學」**（➡P186）研究的相關重要發現。

拓撲學研究的相關圖形

▶ 莫比烏斯環〔圖1〕

將長紙條扭轉一次後兩端貼起來的圓圈。

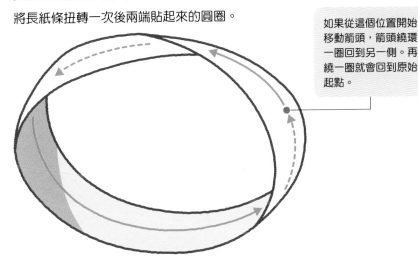

如果從這個位置開始移動箭頭，箭頭繞環一圈回到另一側。再繞一圈就會回到原始起點。

▶ 克萊因瓶〔圖2〕

將圓管的一端插進管身本體，並和另一端相連的物體。

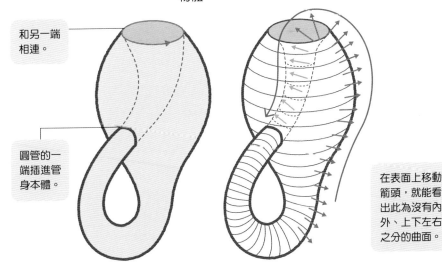

和另一端相連。

圓管的一端插進管身本體。

在表面上移動箭頭，就能看出此為沒有內外、上下左右之分的曲面。

想要現學現賣的數學概念 **第4章**

69 杯子和甜甜圈是相同形狀？
[圖形] 「拓撲學」的概念

原來如此! 在**拓撲學**中，**伸縮後形狀相同者**
全歸類於**同一形狀**！

「**拓撲學（位相幾何學）**」是數學的學科之一。簡單來說，圖形不經切割黏貼，**在伸縮（連續變形）後形狀相同者，可視為同一形狀（同胚）**的概念。這是怎麼一回事呢？

舉例來說，取一片可以任意變換形狀的橡皮膜。因為這片橡皮膜可以作出圓形、三角形等平面圖形，所以在**拓撲學中被分類為同一形狀**。另外，拉凹橡皮膜還能作出圓錐或半球面吧。這些也歸類成圓形及三角形的同一形狀〔**圖1**〕。

立體圖形則「**以洞數為分類標準**」。舉例而言，咖啡杯和甜甜圈的**共通點是「有1個洞」**，把咖啡杯當成黏土般拉扯會變成甜甜圈狀，故可分成同一類。可是，若是有2個把手的鍋子，因為「有2個洞」，便歸類於「不同形狀」〔**圖2**〕。

拓撲學的概念是以**解析形狀特色的圖像識別**等為首，應用於各領域的理論。像**電車路線圖**，改變車站間的實際距離或軌道彎度，用短線條來表示，這裡也能看到拓撲學的概念。

拓撲學的基本概念

▶ 能用圓形橡皮膜作出的圖形〔圖1〕

無論是三角形、四邊形或半球面，都歸類成同一形狀。

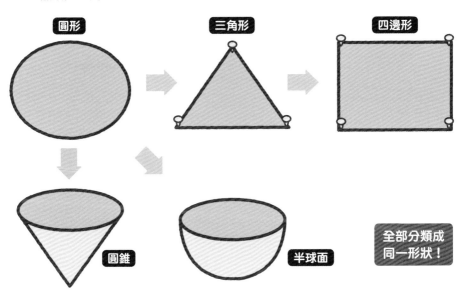

圓形

三角形

四邊形

圓錐

半球面

全部分類成同一形狀！

▶ 咖啡杯和甜甜圈是「相同形狀」〔圖2〕

咖啡杯經連續變形，會成為甜甜圈狀。
留下把手圓洞繼續拉扯變形的話……

變成甜甜圈！

有1個洞

有1個洞

數學測驗〈8〉

解出來就會世界末日？
數學遊戲「河內塔」

法國數學家在1883年發售的數學益智遊戲。傳說「當64片圓盤都移動完畢時，世界就會毀滅」。

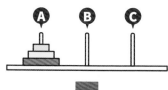

1 在一個平台上立有 ABC 3根木棍，左邊的木棍上放置大中小3片圓盤。1次只能移動1片圓盤，小圓盤一定要放在大圓盤上，如右圖所示必須移動7次才能搬到其他木棍上。

2 當有64片圓盤時，要移動幾次才能把所有圓盤都搬到另一根木棍上？

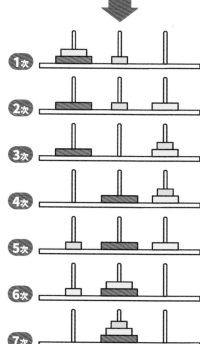

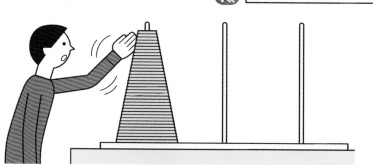

先來思考移動4片的必要步驟吧。要移動最底下最大的圓盤到C時，必須把放在上面的3片圓盤拿到B。這個步驟如左頁所示有**7次**。接著把最大的圓盤移動到C，把B的3片移到C。這也是**7次**。總之必須移動**15次**。當圓盤增加到5片時，必須移動**31次**。

移動4片時的次數

7次（移3片的次數）＋**1**次（把最大的圓盤移到C）＋**7**次（移3片的次數）＝**15**次

移動5片時的次數

15次（移4片的次數）＋**1**次（把最大的圓盤移到C）＋**15**次（移4片的次數）＝**31**次

由此可知移動n－1片的次數乘以2再加1，就是移動n片的必要次數，可寫成以下算式。

$2^n - 1$ （n片圓盤的數字乘以2，再減1）

當有64片時，套用以上算式，得知必要次數是：

➡$2^{64} - 1 = $ 1844京6744兆737億955萬1615次

就算1秒移動1次，也需要5800億年以上才能完成。和宇宙年齡137億年相比，算是相當大的數字，可以說真的到世界末日了。

70 認識宇宙的形狀？
[圖形] 「龐加萊猜想」是什麼？

若繩子位於**球形**上，無論放在何處都能**收回於一點**的猜想。與**理解宇宙**相關！

20世紀初確立**拓撲學**的法國數學家**龐加萊（Poincaré）**提出，「單一連結的封閉三次元流形，與三次元球面同胚。」的定理。此為**「龐加萊猜想」**。

簡單說明一下上述的艱深文字，**「無論把繩子放在哪裡，能緊縮於一點收回的圖形，應該是球形」**〔**圖1**〕。單一連結泛指把繩子放在類似球形的任何地點，一拉緊就會滑離原處集中於一點的圖形。以甜甜圈圖形來舉例，因為繩子會被洞口勾住，或是掉進洞裡結果無法收回，所以不是單一連結。

根據龐加萊猜想，假設有一艘太空船帶著一條無限長的繩子，把繩子一端固定在地球後出發繞行宇宙，再回到地球時若能收回繩子，即可證明宇宙的形狀可能是球形。也就是說，**龐加萊猜想或許是了解宇宙形狀的線索**〔**圖2**〕。

但是要證明龐加萊猜想相當困難，龐加萊本人就無法驗證，之後大約100年內有不少天才數學家試著挑戰卻無人成功。不過在2003年，俄羅斯數學家佩**雷爾曼（Perelman）**終於解決了這道難題。

百年未解的<u>難題</u>

▶ 單一連結圖形〔圖1〕

無論把繩子放在何處，收縮後能集中於一點的圖形。

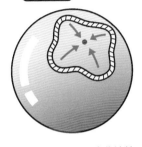
單一連結

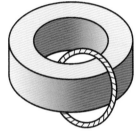
非單一連結

放在球面上的繩子會收縮於一點。

若是甜甜圈狀圖形，繩子被洞口卡住或是掉進洞內，所以不是單一連結。

▶ 透過龐加萊猜想了解宇宙〔圖2〕

1 取一條無限長的繩子，一端綁在地球上，一端綁在太空船上，太空船在宇宙各處繞行。

地球

2 當太空船返回地球後，如果能收回繩子，表示宇宙可能是球形。

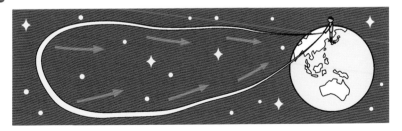

71 [解析] 數學上的重要常數「自然底數e」是什麼？

原來如此! 計算利息衍生出的數字，1年內無限次領出再回存的話，本利和約增加2.7倍！

　　像圓周率（3.14……）的數值名為「**常數**」，而數學中還有很多常數。當中「**自然底數（2.7182……）**」是在**計算利息**時發現的常數。

　　舉例來說，假設把本金100萬存進年利率100%（1年後變2倍的利率）的銀行。1年後變成200萬，如果用半年來試算，就是150萬（本金的1.5倍）。如果半年後領出150萬再存回去，經過半年變成150萬的1.5倍，也就是225萬。**比起1年後1次領出，分2次（每年）存比較有利。**

　　如果分3次存的話，1年後約是237萬元，分4次的話約是244萬元。也就是說，把1年分成 $\frac{1}{x}$，**重複存回x次的話，x值越大越有利**〔**圖1**〕。那當**x無限大**時，可以領回多少錢呢？

　　瑞士數學家**雅各布‧白努利**將本金設為1，年利率設為1，分存次數設為x，當1年分成無限次時可得多少利息寫成 $\lim\limits_{n \to \infty} (1 + \frac{1}{x})^x$ 的式子，算出**收斂值為「2.7182……」**〔**圖2**〕。也就是說，無論分成幾次存入，最多到2.7倍。這個數值就是「自然底數」。

算利息衍生出的自然底數

▶ 分越多次領越多的利息結構〔圖1〕

把本金100萬元存進年利率100%的銀行。

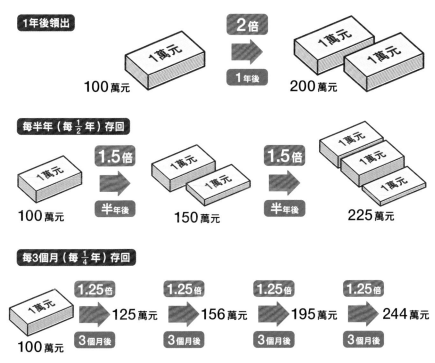

1年後領出

100萬元 → 2倍 1年後 → 200萬元

每半年（每 $\frac{1}{2}$ 年）存回

100萬元 → 1.5倍 半年後 → 150萬元 → 1.5倍 半年後 → 225萬元

每3個月（每 $\frac{1}{4}$ 年）存回

100萬元 → 1.25倍 3個月後 → 125萬元 → 1.25倍 3個月後 → 156萬元 → 1.25倍 3個月後 → 195萬元 → 1.25倍 3個月後 → 244萬元

▶ 1年分成無限次的利率算法〔圖2〕

假設本金為1，年利率為1，分存次數為x……

$$\lim_{n \to \infty}\left(1+\frac{1}{x}\right)^x = 2.71828189\cdots = e$$

表示分成
無限大的意思

非循環小數
（無理數）

和π（圓周率）
一樣用符號e
代表自然底數！

72 [解析] 用自然底數就能算出抽中「扭蛋」的機率？

原來如此！「扭蛋」等**連續沒抽中的機率**和「**自然底數**」密切相關！

要抽線上「扭蛋」機拿到希望的獎品時，會看到**每個物件的開箱機率**。**如果開箱機率是10％，表示中獎率是** $\frac{1}{10}$，所以連抽10次「扭蛋」，應該就能得到想要的東西吧？然而**這不是真正的中獎率**。來算看看吧。

第一次就抽中「扭蛋」的機率是 $\frac{1}{10}$ 的話，沒抽到的機率則是 $\frac{9}{10}$。也許一般會認為連抽2次的中獎率應該是 $\frac{2}{10}$（20％），可是並非如此。因為連抽2次都沒中的機率是 $\frac{9}{10} \times \frac{9}{10} = \frac{81}{100}$，所以抽2次至少中1次的機率是 $1 - \frac{81}{100} = \frac{19}{100}$（19％）。是小於20％的數值。用3次來算是27.1％，用4次來算是34.39％。用10次來算的話約是65％。也就是說，**就算抽10次，中獎率也只有** $\frac{2}{3}$〔**圖1**〕。

如果能連續抽100次、1萬次或無限多次開箱機率為 $\frac{1}{x}$ 的扭蛋，**算式可寫成** $\lim\limits_{n \to \infty}\left(1 - \frac{1}{x}\right)x = 0.36787\cdots$（％）。寫成分數則是 $\frac{1}{2.71828\cdots}\cdots$，**分母為自然底數（e）**〔**圖2**〕。由此可看出，自然底數不只是算利息，也是計算中獎率的重要數字。

「扭蛋」和自然底數的關係

▶ 線上「扭蛋機」的中獎率〔圖1〕

連抽10次開箱機率10%的扭蛋……

$$1-\left(\frac{9}{10}\right)^{10}=0.6513\cdots(\%)$$

- 至少抽中1次的機率
- 連續10次都沒抽中的機率
- 抽中的機率

連抽100次開箱機率1%的扭蛋

$$1-\left(\frac{99}{100}\right)^{100}=0.633967\cdots(\%)$$

 和開箱機率無關，增加抽扭蛋的次數，中獎率 約**63%**

▶ 抽無限多次扭蛋時的槓龜率〔圖2〕

假設開箱機率是$\frac{1}{x}$，抽扭蛋的次數是x次，可寫成以下式子。

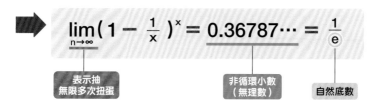

$$\lim_{n\to\infty}\left(1-\frac{1}{x}\right)^{x}=0.36787\cdots=\frac{1}{e}$$

- 表示抽無限多次扭蛋
- 非循環小數（無理數）
- 自然底數

想要現學現賣的數學概念 第**4**章

老鼠算

老鼠算是求某期間內增加幾隻老鼠的計算題，屬於等比數列（➡ P104）題目。因為老鼠算的答案是位數暴增的數字，因此會用「鼠算式增長」來形容。

問 有一對老鼠在1月生下12隻幼鼠。到了2月共有7對老鼠，各生下12隻幼鼠。就這樣，每個月每1對老鼠都會生下12隻幼鼠，到了12月會有幾隻老鼠？

POINT

- 先想每個月會增加幾隻老鼠！
- 增加的數目除以2就是「有幾對」！
- 找出老鼠增加的規則！

解答

　　1月時增加12隻總共14隻老鼠，除以2就是7對老鼠。

　　2月時7對老鼠各生下12隻，所以幼鼠數目是7×12＝84隻，加上原本的14隻總共98隻。

　　像這樣繼續算就會有答案，但計算過程太複雜，試著找出老鼠增加的規則吧。

　　1對老鼠生下12隻幼鼠，表示從1對開始，每個月會生出6對。也就是說，上個月的老鼠數除以2再乘6，就能算出該月增加的老鼠數。這個數字加上前一個月的老鼠數就是該月的老鼠總數。

計算該月的老鼠數目算式是

（上個月的老鼠數）＋（上個月的老鼠數×6）＝（上個月的老鼠數×7）

也就是說，1月到12月的老鼠數目可用以下算式求出。

經過計算有27682574402隻。

答　276億8257萬4402隻

其他解答

老鼠算在數學上屬於等比數列，所以可用首項為a，公比為r的等比數列，求一般項a_n的公式，$a_n = a \times r^{n-1}$來算。因為一般項是12月的老鼠數，套用公式求出$2 \times 7^{13-1} = 27682574402$。

73 [解析] 將世界算術化？函數與座標關係

透過函數和座標，就能用數學公式表達真實世界的現象！

　　已知有2個變數（可代入各種數值的數字），確定好其中一項數值後，才跟著確定另一項對應的數值只有1個……這種關係名為「**函數**」。簡單來說，就是「**數值變動規則**」。當這2個變數是x和y時，**函數記為y＝f（x）**。

　　舉例來說，已知y＝2x＋1的函數（改變規則），當x等於1時y等於3，x等於2時y等於5。在函數中，**記為y＝ax＋b的稱作「一次函數」，在座標上的圖形為直線**。座標是表示平面上所有點的位置之數字組合，在數學上通常以x為橫軸，y為縱軸。

　　在一次函數中，若a的數值越大則直線斜度越陡，a的數值變小則直線斜度趨緩。**這條直線的斜度稱為「平均變化率」**，表示當x加1時，y會增加多少。**記為$y＝ax^2＋bx＋c$的函數稱作「二次函數」**，在座標上的圖形為**曲線（拋物線）**〔**圖1**〕。

　　在17世紀的歐洲，為了研究砲彈軌跡，積極鑽研函數和座標，**用數學公式表達自然現象的基本規則**〔**圖2**〕。順帶一提，要理解數學中的「微分」（➡P200）和「積分」（➡P204），必須先認識「函數」。

和現實世界接軌的函數與座標

▶ 一次函數與二次函數〔圖1〕

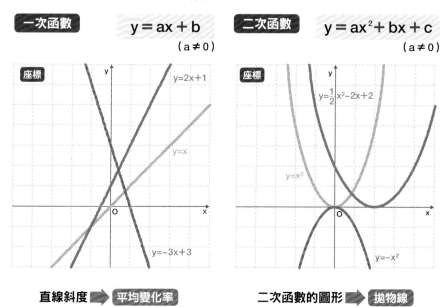

一次函數　$y = ax + b$　$(a \neq 0)$

二次函數　$y = ax^2 + bx + c$　$(a \neq 0)$

座標

$y = 2x + 1$

$y = x$

$y = -3x + 3$

座標

$y = \frac{1}{2}x^2 - 2x + 2$

$y = x^2$

$y = -x^2$

直線斜度 ➡ 平均變化率

二次函數的圖形 ➡ 拋物線

▶ 用座標畫出彈道〔圖2〕

利用座標與函數把炮彈軌跡公式化，便能算出砲彈命中的地點。

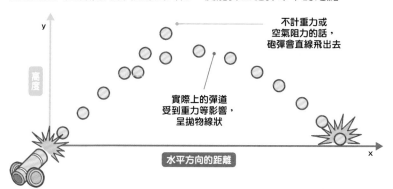

高度

不計重力或
空氣阻力的話，
砲彈會直線飛出去

實際上的彈道
受到重力等影響，
呈拋物線狀

水平方向的距離

想要現學現賣的數學概念　第4章

74 [解析]「微分」是什麼？是計算什麼的公式？

原來如此! 微分是把**曲線切細觀察**，得知**瞬時變化**的方法！

　　「**微分**」是以「**細分觀察**」為基礎的數學方法，了解「**已知函數何時發生什麼變化**」。數學上「對於記為y＝f（x）的函數，求切線斜率的函數（導數）寫成y'＝f'（x）」。**切線**是「僅碰到曲線上某一點」的直線，也就是「**無限逼近曲線時的直線**」，**曲線和直線的接觸點名為「接點」**。

　　試想截取曲線的某部分並放大無限倍。於是這段曲線會趨近於直線。舉例來說，雖然地球是圓的，卻覺得地面是平的。把地球的切線想成放在地上無限水平延伸的木棒，或許這樣比較容易理解切線的概念〔**圖1**〕。

　　那麼，以汽車為例來思考微分吧。速度是「2地間的行進距離（距離變化）」除以「花費的時間（時間變化）」所求出。由此得知1小時（60分鐘）開了100km的汽車時速是100km。可是，**實際行駛時不是固定時速100km，而是重複加速減速的動作**。

▶地球切線示意圖〔圖1〕

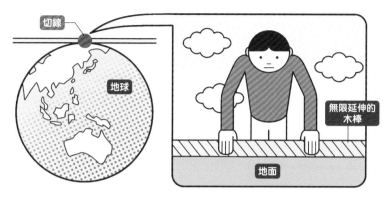

切線

地球

無限延伸的
木棒

地面

把地球切線
想成放在地
面上無限水
平延伸的木
棒，比較容
易理解。

　　用函數表示汽車的時間與距離變化時，如何知道出發x分鐘後的**瞬間速度**？瞬間（點）速度，無法用上述簡單算法得知。可是，**把2地間的距離無限縮小（微分）的話，就能當成近似於1點來想**。也就是說，該點的變化比例（切線斜率）就是汽車的瞬間速度〔➡P202 **圖2**〕。

　　切線斜率依曲線上任一點的切線而異。若$y＝x^2$，$x＝-1$時斜率是-2，當$x＝0$時斜率是0，$x＝2$時斜率是4，求$y＝x^2$上所有點的切線斜率之函數為$y'＝2x$。**該函數名為導數，寫成f'（x）。求出該導數即是「微分」**〔➡P203 **圖3**〕。通常**$y＝x^n$的導數可用$y'＝nx^{n-1}$算出**。

　　在這裡也說明一下微分和**自然底數e**（2.7182…）的關係吧。表示$y＝e^x$的切線斜率函數寫成$y'＝e^x$。也就是說，**原本的函數和導數一樣**。沒有其他數字像這樣，所以自然底數對微分而言是最重要的數字〔➡P203 **圖4**〕。

想要現學現賣的數學概念 **第4章**

切線斜率是瞬間（點）變化率

▶求汽車的瞬間速度〔圖2〕

假設汽車1小時行進100km。

$$\text{速度} = \frac{\text{兩地間的行進距離}}{\text{花費的時間}} \Longrightarrow \frac{100km}{1小時} = 時速100km$$

當汽車行駛1小時的距離變化

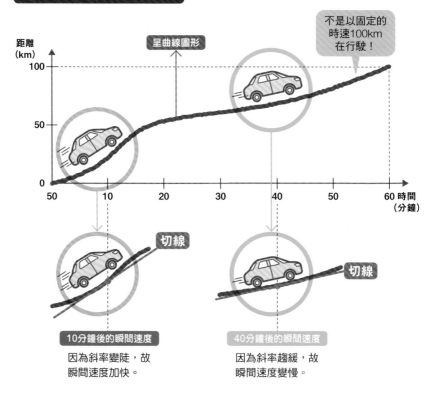

不是以固定的時速100km在行駛！

呈曲線圖形

距離（km）

10分鐘後的瞬間速度
因為斜率變陡，故瞬間速度加快。

40分鐘後的瞬間速度
因為斜率趨緩，故瞬間速度變慢。

切線

時間（分鐘）

知道切線斜率的話，就能求出瞬間速度！

求導數即是「微分」

▶y＝x²的切線與導數〔圖3〕

求出和哪個點的切線斜率之函數名為「導數」。

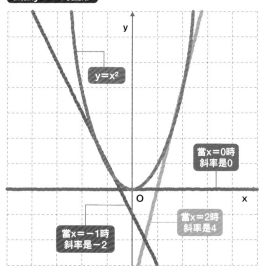

函數y＝x²的圖形

- y＝x²
- 當x＝0時斜率是0
- 當x＝2時斜率4
- 當x＝−1時斜率是−2

微分就是求出導數！

$y＝x^2$的導數是
$y'＝2x$

導數公式

讀作「y dash」

$$y＝x^n \xrightarrow{\text{微分}} y'＝nx^{n-1}$$

若$y＝2x^3＋1$，代表2倍x^3的常數「2」先微分再相乘。「＋1」是和圖形斜率無關的數字故不計。因此可算出：

$$y'＝2×3x^{3-1}＝6x^2$$

▶微分和自然底數的特殊關係〔圖4〕

$y＝e^x$的圖形具有原函數和導數完全一致的特色。也就是說，e^x是無論微分或積分都不變的唯一函數，利用該函數可以解出各種微分方程式。

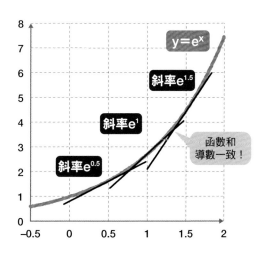

- y＝eˣ
- 斜率e^{1.5}
- 斜率e^1
- 斜率e^{0.5}
- 函數和導數一致！

想要現學現賣的數學概念 **第4章**

75 「積分」是什麼？是計算什麼的公式？

[解析]

原來如此！ 積分是和微分關係相反的數學方法。可以求出**曲線圍成的面積**！

要計算直線圍成的區域面積很簡單，但要正確算出**曲線圍成的區域面積**卻很困難。**阿基米德提出「窮盡法」**來求曲線形面積。這是把求解區域分切成多個小三角形來算最後再加總的方法〔**圖1**〕。像這樣為了求出**曲線圍成的區域面積發展出的方法就是「積分」**。

如「窮盡法」般先細分再加總的計算過程相當麻煩，而且答案不盡正確。於是，**牛頓**在17世紀發現，積分的基礎概念**「細分」**和**「微分」一樣，微分和積分呈「相反關係」**。便從中找到正確算出函數曲線圖圍住之範圍的定理。就這樣積分和微分便配套形成**「微積分學」**。

接著先來介紹基礎積分吧。當原函數為 $y = x^2$ 時，微分後導數是 $y' = 2x$。微分和積分相反，所以積分後會成為原函數。積分原函數就會成為其他函數「$y = \frac{1}{3}x^3$」。

這稱為**「反導函數」**，寫成〔$\int y \, dx$〕〔➡P206 **圖2**〕。

▶阿基米德的窮盡法〔圖1〕

求拋物線和直線圍成的面積　以AC為底，拋物線上的最高點為B畫出三角形。空白部分再連續重複相同方法畫三角形，算出所有面積後加總。

重複這些計算過程就能算出正確面積的近似值！

阿基米德

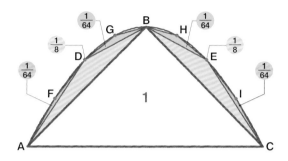

假設三角形ABC的面積是1，
黃色三角形是1/8，綠色和藍色三角形各是1/64。
總和是 $1 + \dfrac{1}{8} \times 2 + \dfrac{1}{64} \times 4 = \dfrac{21}{16}$（正確答案是 $\dfrac{4}{3}$）

　　那麼，為什麼用反導函數就能算出曲線圍成的面積呢？用y＝2x的直線來思考這個問題吧。該直線與x軸、及和y軸平行的直線圍成三角形，面積算法是底（x）× 高（2x）÷2，所以面積公式為y＝x²。這個公式是<u>**積分y＝2x時的「反導函數」**</u>。因此，透過<u>**積分已知函數能寫出求得面積的函數**</u>〔➡P207 <u>圖3</u>〕。

　　那要如何算出曲線下方的面積呢？以積分來想是<u>**「細分成若干個長方條再加總」**</u>。長方條太寬就會產生誤差，但無限縮小長方條寬度的話，應該能算出正確面積的近似值。寫為反導函數<u>**「∫ydx」**</u>，表示<u>**「長方條面積（y×dx）的總和」**</u>。因此，可用反導函數來計算曲線與x軸，及和y軸平行的直線圍成的區域〔➡P207 圖4〕。

想要現學現賣的數學概念 **第4章**

積分是求反導函數

▶ 微分和積分的相反關係〔圖2〕

$$F(x) \xrightarrow{\text{微分}} f(x) \xrightarrow{\text{微分}} f'(x)$$

反導函數 $\xleftarrow{\text{積分}}$ 函數 $\xleftarrow{\text{積分}}$ 導數

舉例來說，若原函數是$y=x^2$

$$y = \frac{1}{3}x^3 \xleftarrow[\text{積分}]{\text{微分}} y = x^2 \xleftarrow[\text{積分}]{\text{微分}} y' = 2x$$

求反導函數的公式

$$\int y\,dx = \frac{1}{n+1}x^{n+1} + C$$

—— C是常數　任何數微分後都是0

讀作「integral」

12	艾薩克・牛頓

【1643～1727】

英國數學家、物理學家。研究以萬有引力為首的物體運動定律，並在證明的過程中發明微積分的數學方法。

13	哥特佛萊德・萊布尼茲

【1646～1716】

德國數學家。和牛頓在同一時期各自獨立研究微積分並發展成系統，而且嚴格定義符號的涵義等確立學說理論。

透過反導函數得知面積

▶ 用積分求面積的理由〔圖3〕

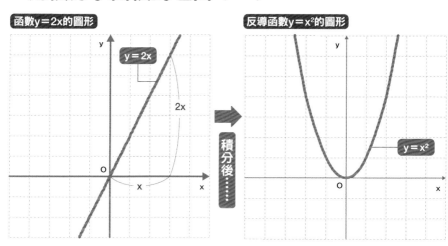

函數y＝2x的圖形

y = 2x

2x

積分後……

反導函數y＝x²的圖形

y = x²

三角形面積是
底(x)× 高(2x)÷2＝x²。也就是說，

y＝x²是計算面積的公式。

積分 y＝2x 得到的反導函數是

y＝x²。
以此計算便能求出三角形面積。

▶ 求出曲線下方面積的思考方式〔圖4〕

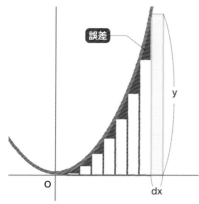

誤差

y

dx

把曲線下方區域分割成許多寬為dx，高為y的長方條，加總後便能求出曲線下方區域的面積近似值，但也會產生誤差。如果無限縮小長方條寬度dx，誤差就能趨近於零。

反導函數的公式含意

高是y、
寬是dx的
長方條面積

加總  $\int y\,dx$

76

[數字]

過了300年還算不出來？
「費馬最後定理」

原來如此! 明明是**國中生程度**就能明瞭的定理，
過了300年以上卻**無人能證明**！

　　就算是對數學沒興趣的人，也曾透過電視之類的聽過**「費馬最後定理」**吧？17世紀法國數學家**費馬**在書頁空白處寫下該定理，並在旁邊留言**「我發現了一個超驚人的證明，但是空白處太小寫不下」**。

　　在費馬留下的各種定理中，因為這個定理無人能提出證明便稱為**「最後定理」**。費馬最後定理是**「當n是3以上的自然數時，不存在 $x^n+y^n=z^n$ 的自然數組合（x、y、z）」**。當n等於1時，有 $1^1+2^1=3^1$ 等的自然數加法。當n 等於2時，就是所謂的**「畢氏定理」**，有無數個像是 $3^2+4^2=5^2$ 之類的組合。但是當n等於3時，$x^3+y^3=z^3$ 的式子不成立，4以上也同樣不成立的定理〔**圖1**〕。 到「尚未證明的定理」，大多是連數學家也難以理解其中的含義，但**這個定理是國中生程度就能明瞭**，只需一行算式就能寫出。在費馬死後約300年的1995年，英國數學家**安德魯‧懷爾斯（Andrew Wiles）**證明出該定理〔**圖2**〕。

經過300年也解不出的難題

▶ 費馬最後定理〔圖1〕

當n是3以上的自然數時，
不存在$x^n + y^n = z^n$的
自然數組合（x、y、z）！

順帶一提，要證明定理必須有最新的數學知識，也有人認為或許費馬所想到的證明方法有缺陷。

我發現了一個超驚人的證明，但是空白處太小寫不下

費馬

▶ 費馬最後定理的證明方法〔圖2〕

因為證明方法相當難懂，以下僅介紹概要。

1 假設費馬最後定理有錯，
則非模的橢圓曲線

$$y^2 = x(x - a^n)(x + b^n)$$ 成立。

※模（Modular）和名為模形式（Modular form）的高對稱性函數有關。

2 橢圓曲線是「半穩定橢圓曲線」、「不是模」。

3 「所有半穩定橢圓曲線都是模」得到證明，和 **1** 的假設矛盾，
故得證費馬最後定理是對的。

77 「虛數」是什麼數字，作用爲何？

[數字]

原來如此！ 虛數是帶有虛數單位「i」的數字。
是量子力學領域不可欠缺的概念！

「虛數」是什麼呢？是「平方後等於－1的數字」，可寫成$x^2＝$
-1的算式，代入算式則$x＝\sqrt{-1}$。18世紀瑞士數學家**歐拉**把$\sqrt{-1}$
定義為「**虛數單位**」，以**符號「i」**來表示。

要理解「i」就用實數線來思考。在這條數線上，「＋1」乘上
「－1」一次，則以原點「0」為中心轉180°，等於「－1」。$i^2＝$
-1表示「1乘上i二次等於－1」。因此，**1乘上「i」一次轉90°，再**
乘一次「i」再轉90°等於「－1」。像這樣用水平數線（**實軸**）表示
實數，用垂直數線（**虛軸**）表示i，就能把i視覺化〔**右圖**〕。實數軸
和虛數軸構成的平面稱為「**複數平面**」，**實數和虛數組成的數字稱為**
「複數」。

複數是處理原子或電子行動的量子力學領域必要的概念。原子和
電子的行動過於複雜，無法用實數訂出範圍來計算，若使用含有虛數
的**歐拉公式**（➡P212）便能運算。也就是說，如果沒有發現虛數，
就不會出現電腦。

以視覺化呈現並理解虛數

▶ 虛數單位與複數平面

虛數單位「i」是……

滿足 $i^2 = 1$ 的數字
則 $i = \sqrt{1}$

平方後等於
−1的數字，
就定義為
虛數單位「i」吧

歐拉

實數的數線

$$1 \times (-1) = -1$$

$1 \times (-1) = -1$
「+1」乘以「−1」的話，
轉180°等於「−1」。

「+1」
乘以
「−1」

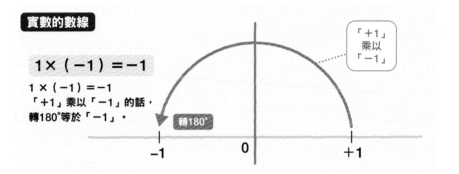

轉180°

−1　　0　　+1

複數平面

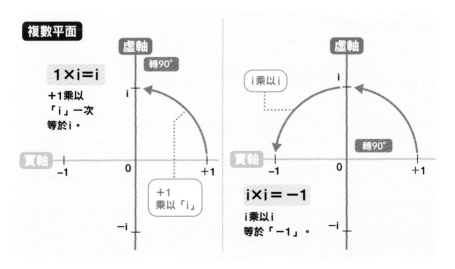

虛軸

轉90°

$$1 \times i = i$$

+1乘以
「i」一次
等於i。

實軸

−1　　0　　+1

+1
乘以「i」

−i

虛軸

i乘以i

i

轉90°

實軸

−1　　0　　+1

$$i \times i = -1$$

i乘以i
等於「−1」。

−i

想要現學現賣的數學概念 **第4章**

78 人類至寶？「歐拉恆等式」

原來如此！ 將「**代數學**」、「**幾何學**」、「**分析學**」三個數學領域，歸納成一個簡單公式！

數學到底是什麼呢？數學分成三大領域，並且架構於此基礎上。這三個領域分別是，研究用四則運算解方程式的「**代數學**」，研究圖形和空間的「**幾何學**」，以及由微積分等發展而成研究函數理論的「**分析學**」。

這三個領域基本上是各自獨立發展，從代數學衍生出**虛數單位「i」**，從幾何學衍生出**圓周率「π」**，從分析學衍生出**自然底數「e」**。

瑞士天才數學家**歐拉**在1748年發表**名為「歐拉恆等式」的數學公式「$e^{i\pi}+1=0$」**。這個公式將上述三個數學領域產生的特殊數字，寫成極為簡單的式子，被譽為**人類至寶**〔**圖1**〕。

用表示實數虛數的「複數平面」（➡P210）來思考歐拉恆等式，比較容易理解。在複數平面上以原點為中心畫出半徑1的圓，圓周上的數值可用**歐拉公式「$e^{i\theta}=\cos\theta+i\sin\theta$」**表示。在實軸－1時 θ 等於 π，是變形後的歐拉恆等式「$e^{i\pi}=-1$」〔**圖2**〕。歐拉公式對微分方程式而言是相當重要的公式。

重視歐拉恆等式的理由

▶ 連結數學三個領域的歐拉恆等式〔圖1〕

數學基本上可分成「代數學」、「幾何學」、「分析學」三個領域。

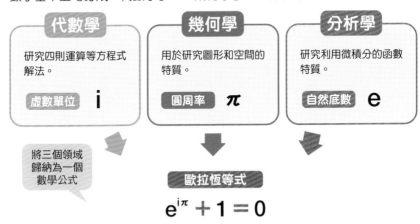

代數學

研究四則運算等方程式解法。

虛數單位 **i**

幾何學

用於研究圖形和空間的特質。

圓周率 **π**

分析學

研究利用微積分的函數特質。

自然底數 **e**

將三個領域歸納為一個數學公式

歐拉恆等式

$$e^{i\pi} + 1 = 0$$

▶ 用複數平面表達「歐拉恆等式」〔圖2〕

在複數平面上，以原點為中心畫半徑1的圓。

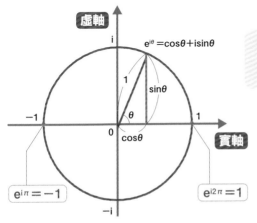

$e^{i\theta} = \cos\theta + i\sin\theta$

虛軸

實軸

圓周上的點可用歐拉公式寫成

$$e^{i\theta} = \cos\theta + i\sin\theta$$

$e^{i\pi} = -1$

$e^{i2\pi} = 1$

在實軸「−1」的位置上，
$$e^{i\pi} = -1$$
是變形的歐拉恆等式。

想要現學現賣的數學概念 **第4章**

79 數學界的諾貝爾獎 「菲爾茲獎」是什麼？

[知識]

原來如此! 頒給40歲以下**年輕數學家**的獎項。
至今有3位日本數學家獲獎！

諾貝爾獎中沒有「數學獎」。取而代之的是全球矚目的數學界最高榮譽獎。那就是**「菲爾茲獎」**。

菲爾茲獎的目的是表揚年輕數學家的成就並鼓勵繼續研究，在1936年由加拿大數學家**約翰・查爾斯・菲爾茲（John Charles Fields）**所創立。在4年舉行一次的**國際數學家大會（ICM）**上，選出**40歲以下的數學研究人員**（2～4位），頒發約200萬日圓的獎金與獎牌〔**圖1**〕。

菲爾茲獎到2020年為止有60位得獎者，日本人中有3位得主，分別是**小平邦彥**（1954年獲獎），**廣中平祐**（1970年獲獎）和**森重文**（1990年獲獎）〔**圖2**〕。另外，得獎者當中有42位來自美國**普林斯頓高等研究院**。

雖然有「未滿40歲」的年齡限制，但證明出「費馬最後定理」的**安德魯・懷爾斯**，因為成就斐然，即便在1988年時已經45歲，仍然獲頒特別獎。而證明出「龐加萊猜想」的**格里戈裡・佩雷爾曼**，雖然獲選為2006年的費爾茲獎得主，但他以「只要自己的證明正確，不需要獎項」為由拒絕領獎。

數學界的最高<u>榮譽獎</u>

▶ 菲爾茲獎的獎牌〔圖1〕

菲爾茲獎的獎牌正面，刻有阿基米德的頭像。周圍刻上意思是「超越自我，掌握世界」的拉丁文。得獎者姓名刻在獎牌邊緣。

▶ 菲爾茲獎的日本人得主〔圖2〕

在得獎者的國家排行榜中，日本名列第5*。

小平邦彥	廣中平祐	森重文
（1915～1997）	（1931～）	（1951～）
畢業學校 東京大學	**畢業學校** 京都大學	**畢業學校** 京都大學
得獎年 1954年	**得獎年** 1970年	**得獎年** 1990年
得獎理由 ●調和積分論 ●「二次元代數多樣體（代數曲面）」之分類	**得獎理由** ●「複流形的奇點解消」之研究	**得獎理由** ●證明「三次元代數多樣體的集小模型之存在」

*截至2020年。

想要現學現賣的數學概念 **第4章**

15個神奇又美麗的 圖形定理

圖形中存在各種定理。
以下介紹可窺見圖形神奇特質的15個定理。

1「泰利斯定理」

一言以蔽之… 了解圓周角特質的定理！

發現者 ▶ **泰利斯？**【古希臘數學家】

▶西元前 **7** 世紀左右

「直徑對應的圓周角是直角」之定理，
以直徑AC為底，和圓周上B點畫成三角
形ABC，則∠ABC是直角。古希臘數學
家泰利斯曾提出證明。泰利斯定理是圓
周角的定理之一。

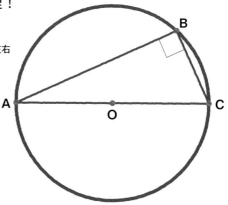

圓周角定理

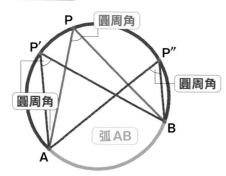

同一弧AB對應的圓周角都相等。

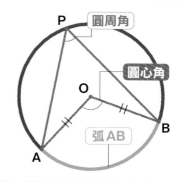

同一弧AB對應的圓周角度數是圓心角度數的一半。

2「中線定理」

一言以蔽之… 了解三角形中線和邊長關係的定理！

發現者 阿波羅尼奧斯
【古希臘數學家】

▶ 西元前 3 世紀左右

對於三角形ABC，$AB^2+AC^2=2$（AM^2+BM^2）會成立。M是BC的中點。雖然以「帕普斯定理」而聞名，但其實是阿波羅尼奧斯發現的。

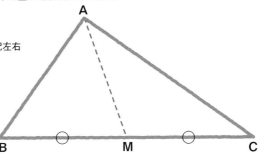

3「托勒密定理」

一言以蔽之… 了解圓內接四邊形
特質的定理！

發現者 克勞狄烏斯・托勒密
【古希臘數學家】

▶ 西元前 1 世紀左右

對於圓內接四邊形ABCD，$AB×CD + AD×BC = AC×BD$會成立。托勒密是Ptolemaeus的英文唸法。

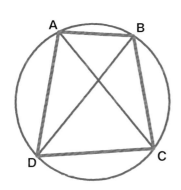

4「孟氏定理」

一言以蔽之… 了解三角形和
直線相交線段之比！

發現者 孟氏
【古希臘數學家】

▶ 西元前 1 世紀左右

已知有一直線和三角形ABC的AB、AC、BC或其延長線分別交於D、E、F點時，則右邊的等式成立。

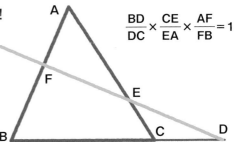

$$\frac{BD}{DC} \times \frac{CE}{EA} \times \frac{AF}{FB} = 1$$

5 「弦切角定理」

一言以蔽之… 了解圓周角和切線關係的定理！

發現者 歐幾里德？
【古希臘數學家】

▶西元前 **3** 世紀左右？

圓的切線AT和弦AB的夾角∠BAT，等於弦AB的圓周角∠ACB。無論∠BAT是銳角、直角或鈍角都會成立。歐幾里德在著作《幾何原本》中寫下該定理。

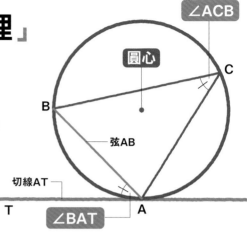

6 「圓冪定理」

一言以蔽之… 了解圓和兩條直線關係的定理！

發現者 歐幾里德？【古希臘數學家】

▶西元前 **3** 世紀左右？

歐幾里德的《幾何原本》中記載圓冪定理有3種類型。

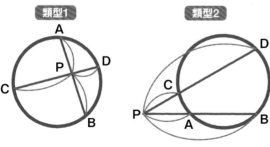
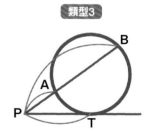

當圓的兩條弦AB、CD相交於 **類型1** 時，或是和其延長線相交於 **類型2** 時，則PA×PB＝PC×PB會成立。

當從圓外部P點拉出的切線和圓相切於**T**點，從P點拉出的直線和圓相交於A、B兩點時，則PA×PB＝PT²會成立 **類型3** 。

7 「帕普斯六邊形定理」

一言以蔽之… 了解直線和交點相關特質的定理！

發現者 帕普斯【古希臘數學家】

▶ **4** 世紀前半段

當A、B、C在同一條直線上，D、E、F在另一條線上時，AE和BD的交點、BF和CE的交點、CD和AF的交點會共線。

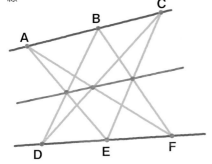

8 「維維亞尼定理」

一言以蔽之… 了解正三角形和垂線關係的定理！

發現者 維維亞尼
【義大利數學家】

▶ **1659**年

從正三角形ABC內任一點向各邊做垂線，其長度總和（s＋t＋u）固定不變，等於三角形ABC的高。

9 「塞瓦定理」

一言以蔽之… 了解通過三角形頂點的直線特質定理！

發現者 塞瓦【義大利數學家】

▶ **1678**年

三角形ABC的三邊BC、CA、AB上分別有D、E、F三點，當AD、BE、CF相交於同一點O時，則右邊等式會成立。

$$\frac{BD}{DC} \times \frac{CE}{EA} \times \frac{AF}{FB} = 1$$

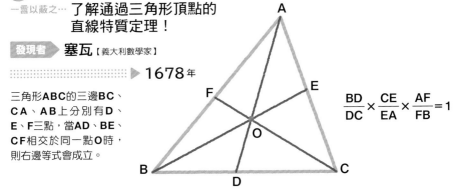

10 「拿破崙定理」

一言以蔽之… 關於三角形重心的定理！

發現者 拿破崙？【法國皇帝】

▶ 1800 年左右？

以三角形 **ABC** 的各邊為邊長畫出正三角形 **BCX**、**ACY** 和 **ABZ**，連接各三角形的重心（頂點到對邊中點的三條連線交於一點）**L**、**M**、**N** 會成為正三角形。據說是拿破崙發現的，但沒有留下資料。

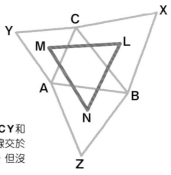

11 「西姆松定理」

一言以蔽之… 關於三角形外接圓和垂線的定理！

發現者 威廉・華勒斯【英國數學家】

▶ 1797 年？

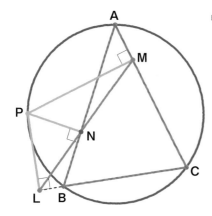

三角形 **ABC** 外接圓上的一點 **P**，往三角形各邊或延長線上做垂線時，其交點 **L**、**M**、**N** 會共線。雖然這條直線稱作西姆松線（Simson line），但發現者其實不是西姆松，而是英國數學家威廉・華勒斯。

12 「和算的幾何定理」

一言以蔽之… 了解圓內接多邊形特質的定理！

發現者 藤田嘉言？【日本和算家】

▶ 1807 年？

和算對幾何圖形的研究相當進步，發現許多定理。其中之一是「對於圓內接多邊形，由任一頂點的弦分割成的三角形內切圓，其半徑總和固定不變」。

這2個圖形的圓半徑總和相等。

13「霍迪奇定理」

一言以蔽之… 了解封閉曲線特質的定理！

發現者 霍迪奇【英國數學家】

▶ 1858年?

對於封閉曲線（兩端一起合上的曲線），取一長度固定的弦**AB**，當其兩端沿著曲線移動一圈時，**AB**上**P**點畫出的軌跡會形成一條新的封閉曲線。

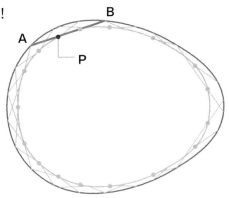

14「莫萊定理」

一言以蔽之… 關於三角形內角的定理！

發現者 法蘭克‧莫萊【英國數學家】

▶ 1899年

任一三角形**ABC**，當各內角的三等分線相交於**P**、**Q**、**R**三點時，則三角形**PQR**會是正三角形。

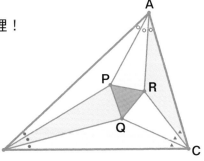

15「強森定理」

一言以蔽之… 關於圓和圓相交的定理

發現者 羅傑‧強森【美國數學家】

▶ 1916年

當三個等圓相交於1點**H**時，除了**H**點外任兩圓另外交於**A**、**B**、**C**三點，則**ABC**三點會位於和三個等圓相等的圓周上。

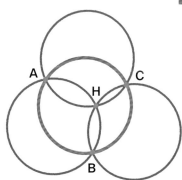

索引 （按照筆畫順序排列）

參考文獻

《物語 數学の歴史》加藤文元著（中公新書）

《ビジュアル 数学全史》クリフォード・ピックオーバー著（岩波書店）

《数学パズル大図鑑Ⅰ 古代から19世紀まで》イワン・モスコビッチ著（化学同人）

《数学パズル大図鑑Ⅱ 20世紀そして現在へ》イワン・モスコビッチ著（化学同人）

《考える力が身につく！ 好きになる 算数なるほど大図鑑》桜井進監修（ナツメ社）

《増補改訂版 算数おもしろ大事典IQ》秋山久義、清水龍之介 等監修（学研）

《理系脳をきたえる！Newtonライト 数学のせかい 図形編》（ニュートンプレス）

《理系脳をきたえる！Newtonライト 数学のせかい 数の神秘編》（ニュートンプレス）

《理系脳をきたえる！Newtonライト 数学のせかい 教養編》（ニュートンプレス）

《理系脳をきたえる！Newtonライト 確率のきほん》（ニュートンプレス）

《Newton別冊 ニュートンの大発明 微分と積分》（ニュートンプレス）

《難しい数式はまったくわかりませんが、微分積分を教えてください!》たくみ著（SBクリエイティブ）

《高校数学の美しい物語》マスオ著（SBクリエイティブ）

《知って得する！ おうちの数学》松川文弥著（翔泳社）

《眠れなくなるほど面白い 図解 数学の定理》小宮山博仁監修（日本文芸社）

監修者 加藤文元

1968年出生於宮城縣。東京工業大學理學院數學系教授。京都大學理學系畢業，在京都大學研究所理學研究科主修數學、數理解析並修畢博士後期課程。曾任京都大學的研究所副教授、熊本大學教授等職，並在2015年擔任現職至今。同時也先後當過德國馬克思普朗克研究院的研究員、法國雷恩大學及巴黎第6大學的客座教授等。著作繁多，有《連結宇宙的數學IUT理論衝擊》、《天才數學家伽羅瓦的一生》等書（書名皆為暫譯）。

插圖	桔川 伸、北嶋京輔、栗生ゑゐこ
設計‧DTP	佐々木容子（カラノキデザイン制作室）
編輯協助	浩然社

ILLUST&ZUKAI CHISHIKI ZERO DEMO TANOSHIKU YOMERU! SUGAKU NO SHIKUMI supervised by Fumiharu Kato
Copyright © 2020 Fumiharu Kato
All rights reserved.
Original Japanese edition published by SEITO-SHA Co., Ltd., Tokyo.

This Traditional Chinese language edition is published by arrangement with SEITO-SHA Co., Ltd., Tokyo in care of Tuttle-Mori Agency, Inc.

圖解有趣的生活數學
零概念也能樂在其中！真正實用的數學知識

2021年3月1日初版第一刷發行
2022年9月1日初版第二刷發行

監　　修	加藤文元
譯　　者	郭欣惠、高詹燦
編　　輯	曾羽辰
特約美編	鄭佳容
發 行 人	南部裕
發 行 所	台灣東販股份有限公司

＜地址＞台北市南京東路4段130號2F‐1
＜電話＞(02)2577‐8878
＜傳真＞(02)2577‐8896
＜網址＞http://www.tohan.com.tw
郵撥帳號　1405049‐4
法律顧問　蕭雄淋律師
總 經 銷　聯合發行股份有限公司
＜電話＞(02)2917‐8022

TOHAN

國家圖書館出版品預行編目(CIP)資料

圖解有趣的生活數學：零概念也能樂在其中!
真正實用的數學知識/加藤文元監修；郭欣
惠, 高詹燦譯. -- 初版. -- 臺北市：臺灣東
販股份有限公司, 2021.03
224面 ;14.4×21公分
譯自：イラスト&圖解：知識ゼロでも楽
しく讀める! 數學のしくみ
ISBN 978-986-511-604-0(平裝)

1.數學 2.通俗作品

310　　　　　　　　　　　　110000208